BEI GRIN MACHT SICH IHR WISSEN BEZAHLT

- Wir veröffentlichen Ihre Hausarbeit,
  Bachelor- und Masterarbeit

- Ihr eigenes eBook und Buch -
  weltweit in allen wichtigen Shops

- Verdienen Sie an jedem Verkauf

Jetzt bei www.GRIN.com hochladen
und kostenlos publizieren

Tim Kruschke

Zusammenhang zwischen verschiedenen meteorologischen Eigenschaften von Winterstürmen und resultierenden Schäden in Europa

GRIN Verlag

Bibliografische Information der Deutschen Nationalbibliothek:

Die Deutsche Bibliothek verzeichnet diese Publikation in der Deutschen National-
bibliografie; detaillierte bibliografische Daten sind im Internet über http://dnb.d-
nb.de/ abrufbar.

Dieses Werk sowie alle darin enthaltenen einzelnen Beiträge und Abbildungen
sind urheberrechtlich geschützt. Jede Verwertung, die nicht ausdrücklich vom
Urheberrechtsschutz zugelassen ist, bedarf der vorherigen Zustimmung des Verla-
ges. Das gilt insbesondere für Vervielfältigungen, Bearbeitungen, Übersetzungen,
Mikroverfilmungen, Auswertungen durch Datenbanken und für die Einspeicherung
und Verarbeitung in elektronische Systeme. Alle Rechte, auch die des auszugsweisen
Nachdrucks, der fotomechanischen Wiedergabe (einschließlich Mikrokopie) sowie
der Auswertung durch Datenbanken oder ähnliche Einrichtungen, vorbehalten.

Impressum:

Copyright © 2008 GRIN Verlag GmbH
Druck und Bindung: Books on Demand GmbH, Norderstedt Germany
ISBN: 978-3-640-40911-2

Dieses Buch bei GRIN:

http://www.grin.com/de/e-book/133961/zusammenhang-zwischen-verschiedenen-
meteorologischen-eigenschaften-von

GRIN - Your knowledge has value

Der GRIN Verlag publiziert seit 1998 wissenschaftliche Arbeiten von Studenten, Hochschullehrern und anderen Akademikern als eBook und gedrucktes Buch. Die Verlagswebsite www.grin.com ist die ideale Plattform zur Veröffentlichung von Hausarbeiten, Abschlussarbeiten, wissenschaftlichen Aufsätzen, Dissertationen und Fachbüchern.

Besuchen Sie uns im Internet:

http://www.grin.com/

http://www.facebook.com/grincom

http://www.twitter.com/grin_com

Zusammenhang zwischen verschiedenen meteorologischen Eigenschaften von Winterstürmen und resultierenden Schäden in Europa

Bachelorarbeit im Fach Meteorologie

Tim Kruschke

Institut für Meteorologie
Fachbereich Geowissenschaften
Freie Universität Berlin

08. September 2008

Verschiedene meteorologische Eigenschaften von vergangenen Winterstürmen (ONDJFM 1969/1970-2001/2002) werden auf ihre Zusammenhänge zu verursachten monetären Sturmschäden untersucht. Zu diesem Zweck werden die diskreten Sturmereignisse als zusammenhängende Überschreitungen lokalklimatologischer Schwellwerte mithilfe eines Tracking-Algorithmus aus den horizontalen Windgeschwindigkeitsfeldern der *ERA40*-Reanalysen identifiziert. Ihre Eigenschaften werden auf Basis dieser Gitterpunktdaten berechnet. Dem gegenüber wird ein ereignisspezifischer Schadensindex gebildet, indem die Abschätzungen des Rückversicherers *Münchener Rück* bzgl. der einzelnen volkswirtschaftlichen Sturmschäden einer Inflationskorrektur unterzogen und durch die mittlere Bevölkerungsdichte im vom Sturm betroffenen Gebiet dividiert werden. Die Bevölkerungsdichte soll hier als Proxy der Wertekonzentrationen in unterschiedlichen Regionen dienen. Der Zusammenhang zwischen den Sturmeigenschaften sowie drei kombinierten Sturmstärkeindizes und Schadensindex wird mit drei verschiedenen Zusammenhangsmaßen untersucht. Es zeigt sich, dass die mittlere Sturmintensität, definiert als normierte Überschreitung eines lokalklimatologischen Schwellwerts der Windgeschwindigkeit, sowie die maximale Windgeschwindigkeit über Land und die Ausdehnung des Sturmereignisses über Land in signifikantem Zusammenhang zu resultierenden Schäden stehen. Dabei zeigen die kombinierten Sturmstärkeindizes, abhängig von ihrer Definition, tendenziell engere Zusammenhänge zu resultierenden Schäden als die Einzelgrößen.

A set of characteristics for winterstorms in the past (ONDJFM 1969/1979-2001/2002) is analyzed regarding their impact on economic storm losses. For this purpose, the discrete storm events are identified in the *ERA40*-reanalysis by a tracking-algorithm based on adjacent exceedances of locally defined wind speed thresholds. Their characteristics are also calculated from these gridded data. An economic loss index for each storm event is calculated by dividing the economic losses, provided by *Munich Re*, by the average population density in the area affected by the storm event after a preliminary correction for inflation. In the context of this study, population density is seen as a proxy for the spatial distribution of values. The relation between storm characteristics plus three combinded indices of storm severity on the one hand and loss index on the other hand is analyzed by three different metrics, namely Pearson correlation, Spearman correlation and Information Index. It is shown that the average storm intensity, defined as the normalized exceedance of local wind speed thresholds, the maximum wind speed over land area and the average dimension of a storm event over land area show significant correlation with economic loss. The combined indices of storm strength show closer connection to economic losses than single storm characteristics but strongly depend on their definition.

Inhaltsverzeichnis

1 Einleitung

Gemäß den Daten der Münchener Rück (2008) sind ca 79% der weltweiten versicherten Schäden infolge von Naturkatastrophen im Zeitraum 1950-2007 auf Sturmereignisse zurückzuführen. In Europa sind diesbzgl. insbesondere die sog. *Winterstürme* zu nennen, die hier ca. 56% der volkswirtschaftlichen und 64 % der versicherten Schäden infolge von Sturmereignissen im Zeitraum 1980-2006 verursachten, was ungefähr 25 Mrd. € bzw. 13 Mrd. € in Werten von 2006 entspricht (Münchener Rück, 2007).

Diese enormen Summen führen eindrucksvoll vor Augen, welche Bedeutung Winterstürme für Gesellschaft und Wirtschaft besitzen. Vor diesem Hintergrund ist es erstrebenswert, das Phänomen Wintersturm und seine Konsequenzen, im Sinne von resultierenden Schäden, genauer zu durchleuchten. Die vorliegende Arbeit untersucht zu diesem Zweck den Zusammenhang zwischen verschiedenen meteorologischen Eigenschaften historischer Winterstürme im Zeitraum 1972-2002 und den durch sie bewirkten volkswirtschaftlichen Schäden.

In der wissenschaftlichen Literatur findet man eine Reihe von Studien, die sich bereits mit der Schadenswirkung von Stürmen nicht nur im europäischen Raum beschäftigt haben. Im Fokus dieser Arbeiten stehen von meteorologischer Seite zumeist die innerhalb der untersuchten Stürme erreichten Windgeschwindigkeiten. Im Einzelnen handelt es sich dabei (*i.*) um direkte Messergebnisse der über unterschiedliche Zeitintervalle gemittelten Windgeschwindigkeit oder Maximalböen (z.B Rootzén and Tajvidi, 1997; Dorland et al., 1999), (*ii.*) um aus Messungen mittels Interpolationsverfahren abgeleitete Windfelder (z.B. Münchener Rück, 2001) oder auch (*iii.*) um aus Fernerkundungsdaten oder Luftdruckfeldern berechnete geostrophische (z.B. Rootzén and Tajvidi, 2001) oder Gradient-Windgeschwindigkeiten (z.B. Sparks et al., 1994; Huang et al., 2001).

Klawa und Ulbrich (2003) stellen fest, dass hohe Windgeschwindigkeiten in exponierten Lagen häufig auftreten, ohne dabei stets mit Schäden verbunden zu sein. Vor diesem Hintergrund nehmen sie eine Normierung der gemessenen Windgeschwindigkeiten mit dem lokalen klimatologischen 98. Perzentil der Windgeschwindigkeit vor, wobei nur Windgeschwindigkeiten, die diesen lokalen Schwellwert überschreiten als potentiell schadenverursachend betrachtet werden. Die Entscheidung für das 98. Perzentil fiel für ihre Arbeit zur Abschätzung von Sturmschäden in Deutschland mit dem Wissen, dass jener Schwellwert bei deutschen Flachlandstationen (bzgl. täglicher Maximalbö) in etwa einer Windgeschwindigkeit von 20m/s entspricht, was wiederum für viele Versicherungen den Schwellwert darstellt, ab dem sie für durch Wind verursachte Schäden zahlen. Dies impliziert die Annahme, dass an jedem Ort in 2% aller Tage Schäden durch Wind entstehen, was im Einklang mit der auf Wiederkehrperioden von extremen Windgeschwindigkeiten basierenden Argumentation von Palutikof und Skellern (1991) für die Definition von sturmgefährdeten Gebieten steht. Heneka et al. (2006) verwenden bei der Untersuchung von Frequenz und Intensität vergangener Winterstürme ebenfalls lokalklimatologische Windgeschwindigkeiten zur Skalierung. Statt des 98. Perzentils nutzen sie aber das absolute Maximum der an der betreffenden Station jemals gemessenen Windgeschwindigkeiten. Bei der Abschätzung des Zerstörungspotentials von tropischen Zyklonen über ihre *integrierte kinetische Energie (IKE)* experimentieren Powell und Reinhold (2007) ebenso mit Windgeschwindigkeitsschwellwerten, in diesem Fall aber ohne lokalklimatologische Differenzierung.

Für den numerischen Zusammenhang zwischen Windgeschwindigkeiten und Schäden durch Winterstürme verfolgen einige der schon genannten Studien einen Potenzansatz (Schaden $\sim v^{\alpha}$, z.B. Lamb, 1991; Münchener Rück, 1993, 2001; Klawa and Ulbrich, 2003; Heneka et al., 2006). Genauso gibt es für tropische Zyklonen Arbeiten, die diesen Ansatz verfolgen (z.B. Bell et al., 2000; Emanuel, 2005; Powell and Reinhold, 2007). Dem gegenüber stehen Untersuchungen, die von einer exponentiellen Beziehung zwischen Windgeschwindigkeit und Schaden ausgehen (Schaden $\sim \alpha^{v}$, z.B. Dorland et al., 1999; Rootzén and Tajvidi, 2001; Huang et al., 2001).

Prinzipielle Einigkeit herrscht in der Wissenschaft darüber, dass neben der Windgeschwindigkeit weitere Eigenschaften eines Sturms für die durch ihn verursachten Schäden relevant sind. Dorland et al. (1999) erwähnen diesbezüglich die Sturmdauer und eventuell vorhandene Niederschläge. Rootzén and Tajvidi (2001) vermuten darüber hinaus eine Relevanz von Temperatur bzw. Jahreszeit und Windrichtung. Völlig unstrittig ist die Bedeutung der räumlichen Ausdehnung von extremen Windgeschwindigkeiten (z.B. Heneka et al., 2006; Powell and Reinhold, 2007). Der Rückversicherer Swiss Re (1993) fand Belege für den Einfluss der Sturmdauer und Sparks et al. (1994) sowie Huang et al. (2001) belegten für Schäden durch tropische Zyklonen die Bedeutung von Niederschlag. Für den europäischen Raum dagegen stellt die Münchener Rück (2001) fest, dass die dort verbreitete Massivbauweise Sturmschäden zumeist auf die Gebäudehüllen beschränkt und Klawa und Ulbrich (2003) postulieren als Ergebnis persönlicher Gespräche mit mehreren Erst- und Rückversicherern, dass hier indirekte Sturmschäden durch Hagel oder Regen gegenüber den direkten (Wind-)Sturmschäden vernachlässigbar sind. Auf der Hand liegt die Tatsache, dass von Winterstürmen bewirkte Schäden nicht allein von den (meteorologischen) Eigenschaften der Stürme abhängen. Dabei ist klar, dass ein wesentlicher Faktor das vom jeweiligen Sturm betroffene Gebiet darstellt. Stürme über dem offenen Meer beispielsweise werden, abgesehen von eventuell betroffenen Schiffen, kaum Schäden verursachen können. Palmieri et al. (2006) stellen bei ihrer Studie zur Wirkung von tropischen Zyklonen in Zentralamerika fest, dass die Länge der Sturm-Zugbahn über Land in statistisch signifikantem Zusammenhang zur Schadenswirkung steht.

Doch auch über Land beeinflussen unterschiedliche ökonomische und soziale Faktoren massiv die Schadenswirkung von Stürmen. In Europa bilden „in erster Linie die enorm hohen Wertekonzentrationen [...] riesige Schadenpotenziale" (Swiss Re, 2000). Dreveton et al. (1998) stellen fest, dass Sturmschäden stark von der Bevölkerungsdichte im betroffenen Gebiet abhängen und Berz und Conrad (1993) beschreiben als Gründe für steigende Sturmschadenssummen in Europa, neben der wachsenden Bevölkerungsdichte (insbes. in gefährdeten Regionen), u.a. wachsenden Wohlstand sowie komplexere und anfälligere Produktionsweisen und Wohnarten. Darüber hinaus beeinflussen unterschiedliche Verbreitungsgrade von Informationen und Frühwarnungen vor Sturmereignissen die später bewirkten Schäden (Münchener Rück, 2001).

Für die vorliegende Arbeit wurden die diskreten Sturmereignisse als zusammenhängende Überschreitungen lokalklimatologischer Schwellwerte mit einem Tracking-Algorithmus aus den horizontalen Windgeschwindigkeitsfeldern der *ERA40*-Renalysen identifiziert. Auf der Basis dieser Gitterpunktdaten wurden auch die verschiedenen untersuchten Sturmeigenschaften berechnet. Zur Klassifizierung der Schadenswirkung der einzelnen Sturmereignisse wurde ein Schadensindex aus den inflationskorrigierten volkswirtschaftlichen Schadensummen und der durchschnittlichen Bevölkerungsdichte im betroffenen Gebiet gebildet. Letztere dient als Proxy der Wertekonzentration. Der Zusammenhang zwischen den Sturmeigenschaften sowie drei kombinierten Sturmstärkeindizes und Schadensindex wurde mit drei verschiedenen Zusammenhangsmaßen untersucht.

Die zugrundeliegenden Eingangsdaten, sowie deren Aufbereitung werden zu Beginn dieser Arbeit in Abschnitt 2.1 beschrieben. Anschließend werden in Abschnitt 2.2 die angewendeten Methoden zur Identifikation eines Subsets von zu untersuchenden Winterstürmen dargestellt. Auch werden hier die untersuchten meteorologischen Eigenschaften vorgestellt und beschrieben, wie versucht wurde, ihre Zusammenhänge zu bewirkten Schäden aufzudecken. In Abschnitt 3 werden die erzielten Ergebnisse dargestellt und abschließend in Abschnitt 4 ausführlich diskutiert. Dabei werden auch die angewendeten Methoden kritisch hinterfragt.

2 Daten und Methode

2.1 Verwendete Daten

2.1.1 *ERA40*-Reanalysedaten

Grundlage dieser Untersuchung sind die *ERA40*-Reanalysedaten (siehe Uppala et al., 2005) des *European Center for Medium-Range Weather Forecasts* (ECMWF). Aus diesen wurden die horizontalen Windgeschwindigkeitskomponenten (u- und v-Wind, Code 165 und 166) der Winterhalbjahre (ONDJFM) der Jahre 1959-2002 verwendet. Die Rohdaten lagen auf einem *reduzierten N80-Gauss-Gitter* vor und wurden, nach Berechnung des Betrags der horizontalen Windgeschwindigkeit für jeden Gitterpunkt und Zeitschritt, zunächst auf ein *reguläres Gauss-Gitter* konvertiert.

Reguläre Gauss-Gitter sind Koordinaten-Gitter auf der Basis von Längen- und Breitengraden, wobei der Abstand zwischen zwei Gitterpunkten auf einem Breitengrad (also in Ost-West-Richtung) überall gleich groß ist. Im Fall des N80-Gauss-Gitters beträgt dieser Abstand 1,125°. Der Abstand zwischen zwei Gitterpunkten auf einem Längengrad (also in Nord-Süd-Richtung) dagegen ist nicht konstant. Stattdessen werden die Breitengrade des Gitters über ihre *Gauss-Quadratur* festgelegt (siehe Washington and Parkinson, 2005, insbes. *Appendix B: Legendre Polynomials and Gaussian Quadrature*). Die reale Distanz benachbarter Gauss-Gitterpunkte auf einem Breitenkreis wird entsprechend des konstanten 1,125°-Abstandes vom Äquator zu den Polen hin immer geringer, was zu einem gewissen Maß an Redundanz führt. Reduzierte Gauss-Gitter besitzen deswegen zu höheren Breiten hin immer weniger Gitterpunkte auf einem Breitenkreis, so dass in grober Näherung der Abstand benachbarter Gitterpunkte global gleich bleibt.

Nach der Konvertierung auf ein reguläres Gauss-Gitter wurde ein Gebiet um den Nordatlantik und Europa (110°W-60°E, 20°S-90°N) ausgeschnitten und dann mithilfe eines *Inverse-Distance-Weighting*-Verfahrens auf ein regelmäßiges 1,125°x1,125°-Gitter für das endgültige Betrachtungsgebiet (90°W-38,25°E, 0°-87,75°N) interpoliert.

Die in Abschnitt 2.2.1 beschriebene Identifikation der Wintersturmereignisse, sowie alle weiteren Berechnungen basieren auf diesen 1,125°x1,125°-Windgeschwindigkeitsfeldern. Das regelmäßige Gitter bietet dabei den Vorteil, dass Berechnungen bzgl. der Ausdehnung von Sturmfeldern oder der Entfernung zwischen zwei Sturmpositionen (siehe Abschnitt 2.2.1 und 2.2.3) einfacher durchzuführen waren als auf Basis eines Gauss-Gitters. Um die meteorologischen Eigenschaften von Stürmen gesondert nur über Land betrachten zu können (siehe Abschnitt 2.2.3), wurde auch die Land-See-Maske der *ERA40*-Daten verwendet. Die Original-Land-See-Maske wurde vom reduzierten Gauss-Gitter auf ein reguläres Gauss-Gitter linear und anschließend wiederum per *Inverse-Distance-Weighting*-Verfahren auf das regelmäßige 1,125°x1,125°-Gitter interpoliert. Für die nach diesem Verfahren resultierende Land-See-Maske, die nun nicht mehr eindeutig (mit 1 oder 0) zwischen Land- und See-Gitterpunkten unterschied, wurde nach eingehender Betrachtung des Zwischenergebnisses ein Schwellwert (0,5) festgelegt, um diese Eindeutigkeit wiederherzustellen. Ein Ausschnitt der letztlich für diese Arbeit verwendeten Land-See-Maske ist in Abb. 1 links zu sehen.

2.1.2 Schadenssummen gemäß *NatCat-SERVICE* der *Münchener Rück*

Der *NatCat-SERVICE* (siehe Münchener Rück, 2003) des Rückversicherers *Münchener Rück* bildet die Datenbasis bzgl. der von Winterstürmen verursachten Schäden. Für diese Arbeit lag eine Liste (Stand Juli 2007) vor, welche alle Naturkatastrophen der Jahre 1970 bis 2006 aufführte, die monetären Schaden verursachten und/oder Menschenleben in Europa forderten. Für diese Arbeit wurden alle Einträge herausgefiltert, die nicht als Winterstürme klassifiziert waren. Für die folgenden Auswertungen wurden nur monetäre Schäden bzgl. ihres Zusammenhangs zu den meteorologischen Parmetern untersucht. In der Schadensliste schlüsseln sich diese monetären Schadenssummen in versicherte Schäden (gemäß Markteinsicht der *Münchener Rück*) und Abschätzungen der volkswirtschaftlichen Gesamtschäden auf. Versicherte Schäden sind stark durch den Grad der Versicherungsabdeckung und andere versicherungsmarktinterne Faktoren, sowie deren Entwicklung über den Betrachtungszeitraum beeinflusst. Deswegen wurden für die folgenden Auswertungen nur die Abschätzungen der volkswirtschaftlichen Gesamtschäden verwendet. Zwar stellen diese Abschätzungen eine ebenfalls nicht zu vernachlässigende Fehlerquelle dar, trotzdem sind die volkswirtschaftlichen Schadenssummen stärker miteinander vergleichbar als die versicherten Schäden (persönliches Gespräch mit Münchener Rück). Da es sich bei den aufgeführten Schäden um Originalsummen handelte, mussten diese, um vergleichbar zu sein, um Inflationseffekte bereingt werden. Gemäß *Internationalem Währungsfonds* (2008) lag die durchschnittliche Inflationsrate (basierend auf durchschnittlichen Konsumentenpreisen) der Jahre 1980-2001 für die Region Westeuropa[1] bei 4,82% (Daten für frühere Jahre waren nicht verfügbar). Deshalb wurden alle Schadenssummen mit einer jährlichen Inflationsrate von 5% auf das Preisniveau von 2001/2002 korrigiert.

In dem sich mit den *ERA40*-Daten überschneidenden Zeitraum, also den Winterhalbjahren 1969/1970-2001/2002, finden sich in der *NatCat*-Schadensliste insgesamt 80 Winterstürme, die als *Regionsereignis Europa*, also als Ereignis mit länderübergreifenden Schadensauswirkungen im europäischen Raum, klassifiziert wurden. Da davon auszugehen ist, dass Winterstürme als Ereignisse auf der synoptischen Skala in Europa zumeist mehr als nur ein einziges Land betreffen sollten, wurden nur diese 80 Wintersturm-*Regionsereignisse* und die durch sie verursachten (inflationsbereingten) volkswirtschaftlichen Schäden für diese Untersuchung betrachtet.

Zusätzlich zu den Schadensummen waren auch Angaben zur Lokalisierung der Schäden in Form von Längen- und Breitengrad enthalten. Auch diese (Punkt-)Koordinaten der Schäden wurden für die vorliegende Arbeit genutzt (siehe Abschnitt 2.2.2).

2.1.3 Bevölkerungsdichte gemäß *CIESIN/CIAT-GPWv3*

Das Problem unterschiedlicher Wertekonzentrationen in verschiedenen Regionen, welche sich stark in den von Winterstürmen verursachten Schäden niederschlagen, wurde bereits erwähnt. Um diese Verzerrungen zu korrigieren (siehe Abschnitt 2.2.4), wurde der bereits von Walz (2001) sowie Klawa und Ulbrich (2003) verwendete Ansatz verfolgt, die Bevölkerungsdichte im Untersuchungsgebiet als Proxy der Werteverteilung zu nutzen. Für diese Arbeit wurde die Bevölkerungsdichte des Jahres 2000, verfügbar in 0,25°x0,25°-Auflösung über das Projekt *Gridded Population of the World (Version 3)* von *CIESIN* und *CIAT* (2005, in Zusammenarbeit mit der *Food and Agriculture Organization of the United Nations* (FAO); siehe Balk und Yetman (2004)), genutzt. Für See-Gitterboxen waren diesem Datensatz *Fehlwerte* zugeordnet. Diese wurden auf Null gesetzt und dann das gesamte Feld mittels *Conservative-Remapping*-Verfahren auf das 1,125°-Gitter interpoliert.

Diese Methode berechnet die Werte der neuen Gitterpunkte bzw. Gitterboxen als flächengewichtetes Mittel der ganz oder teilweise enthaltenen Boxen des alten Gitters. Dieses Verfahren bietet für die hier verfolgten Ziele den wesentlichen Vorteil, dass das Resultat für die neue Gitterbox als flächengewichteter Mittelwert aller beinhalteten alten Gitterboxen den Inhalt der gesamten Gitterboxfläche repräsentiert. Polynombasierte Interpolationsverfahren hingegen berechnen aus den umliegenden Punkten ein (vom Polynomgrad abhängiges) kontinuierliches Feld und weisen der neuen Gitterbox den Wert ihres Mittelpunktes zu, welcher aber nicht zwangsläufig als repräsentativ für die gesamte Gitterboxfläche zu betrachten ist. Dadurch, dass die See-Gitterboxen des 0,25°-Gitters vorher auf Null gesetzt wurden, berücksichtigt das *Conservative Remapping* entlang von Küstenlinien sogar den Meeresflächenanteil der Gitterboxen im 1,125°-Gitter, indem sich dieser mindernd auf das Eregbnis für die Bevölkerungsdichte auswirkt.

---

[1] Österreich, Belgien, Zypern, Dänemark, Finnland, Frankreich, Deutschland, Griechenland, Island, Irland, Italien, Luxemburg, Malta, Niederlande, Norwegen, Portugal, Spanien, Schweden, Schweiz, Vereinigtes Königreich

Anschließend wurde durch einen Abgleich mit der Land-See-Maske die Bevölkerungsdichte von See-Boxen des 1,125°-Gitters auf Null gesetzt. Dieser Schritt wäre gemäß der
gerade angeführten Argumentation bzgl. der Vorteile des *Conservative Remapping* nicht
unbedingt nötig gewesen, sorgt aber für eine eindeutigere Trennung zwischen Land- und
See-Gitterboxen, was im Zusammenhang mit den meteorologischen Parametern „über
Land" (siehe Abschnitt 2.2.3) noch von Bedeutung ist.

In dem sich so letztlich ergebenden Bevölkerungsdichtefeld (Ausschnitt in Abb. 1 rechts)
stechen trotz der vergleichweise groben Auflösung die Großstädte wie z.B. London oder
Paris, aber auch ganze Regionen wie die BeNeLux-Staaten und das angrenzende Ruhr-
gebiet oder die Midlands deutlich hervor.

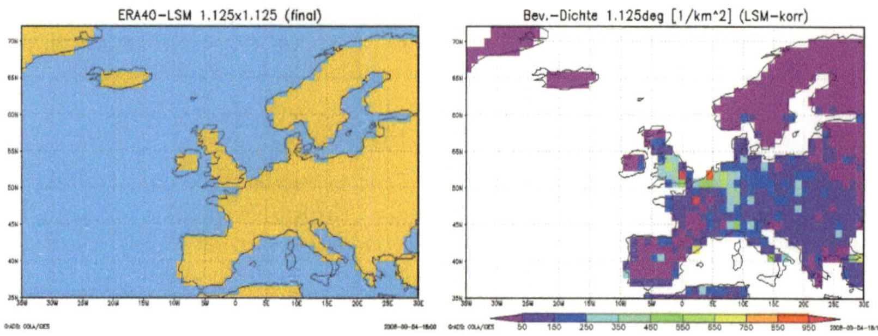

Abbildung 1: Ausschnitte der aus den *ERA40*-Originaldaten abgeleiteten Land-See-Maske (links) und
des aus den *CIESIN/CIAT*-Daten interpolierten Bevölkerungsdichtefeldes (rechts)

2.2 Methode

2.2.1 Sturm-Tracking

Die vorliegende Arbeit verwendet für die Untersuchung der meteorologischen Eigenschaften von Stürmen keine Messdaten, sondern basiert auf den horizontalen Windgeschwindigkeiten 10m ü.G. des *ERA40-Reanalyse*-Datensatzes. Dem liegt die Annahme
zugrunde, dass sich schadenverursachende Winterstürme als meteorologische „Extrem-
ereignisse" auf der synoptischen Skala auch in diesen räumlich und zeitlich vergleichsweise
grob aufgelösten Daten deutlich aus der Klimatologie und dem umliegenden Windfeld
hervorheben müssten. Dabei wäre der Vorteil, dass unabhängig von Zeit und Ort Wind-
geschwindigkeitsdaten von gleichbleibender Qualität zur Verfügung stehen, ohne dass
diese zuerst einer eingehenden Datenbereinigung und -homogenisierung unterzogen werden müssen.

Die Identifikation von Winterstürmen als diskreten Ereignissen aus den *ERA40*-Daten
wurde für diese Untersuchung auf der Basis dieser Windgeschwindigkeitsfelder vorgenommen. Gemäß der auf Klawa und Ulbrich (2003) zurückgehenden Hypothese, dass Windgeschwindigkeiten jenseits des 98. Perzentils potentiell Schäden verursachen, wurde dieses

10

zunächst aus den horizontalen Windgeschwindigkeiten der Winterhalbjahre 1959/1960-
2001/2002 für das Untersuchungsgebiet berechnet (siehe Abb. 2). Anschließend wurden

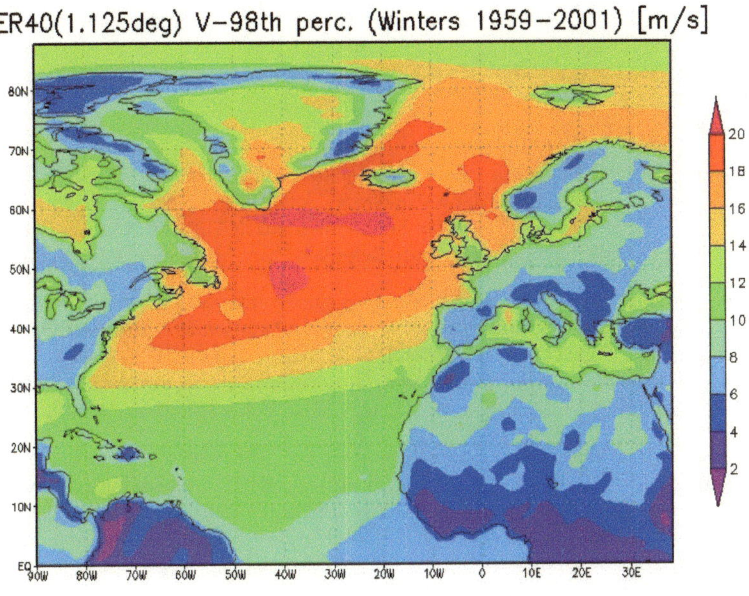

Abbildung 2: 98. Perzentil der horizontalen Windgeschwindigkeit (m/s) 10m ü.G. gemäß den *ERA40*-
Reanalysedaten der Winterhalbjahre 1959/1960-2001/2002 für das gesamte Untersuchungsgebiet

Sturmfelder als Bereiche räumlich zusammenhängender Überschreitungen dieses 98. Perzentils für jeden Zeitschritt identifiziert. Für jeden Zeitschritt wurde der Schwerpunkt eines *Sturmfeldes* berechnet, indem jede zugehörige Gitterbox mit ihrer breitengradabhängigen Fläche und der 3. Potenz der Windgeschwindigkeit gewichtet wurde. Diese Schwerpunkte sind rein rechnerische Positionen und keine Gitterpunkte oder -boxen. Diese
Identifikation und Lokalisierung geschah mit einem vorhandenen *Tracking-Algorithmus*
(siehe Leckebusch et al., 2008), welcher solche *Sturmfelder* in aufeinanderfolgenden Zeitschritten über ihre Schwerpunkte unter Anwendung eines *Nearest-Neighbour*-Verfahrens
als zusammenhängende *Sturmereignisse* klassifizierte. Die Aneinanderreihung der für
alle Zeitschritte eines *Sturmereignisses* berechneten *Sturmfeld*-Schwerpunkte wird im
Folgenden als *Sturm-Zugbahn* bezeichnet.
Vor dem Hintergrund, dass der Fokus dieser Untersuchung auf Winterstürmen als meteorologischen Ereignissen auf der synoptischen Skala liegt, wurden mehrere Schwellwerte
eingeführt, welche die Ereignisauswahl auf ein in diesem Zusammenhang sinnvolles Maß

11

beschränken sollten. Diese Schwellwerte wurden in enger Anlehnung an jene gewählt, die Leckebusch et al. (2008) verwendeten und sollen kurz beschrieben werden:

- Die Größe bzw. Fläche eines *Sturmfeldes* zu jedem Zeitschritt durfte ein Mindestmaß nicht unterschreiten, wobei die breitengradabhängige Größe der Gitterboxen berücksichtigt werden musste. Als Minimalgröße wurde das Äquivalent zu acht 1,125°x1,125°-Gitterboxen auf Höhe des Äquators festgelegt, was etwa $125000km^2$ entspricht. Kleinere *Sturmfelder* wurden nicht weiter berücksichtigt und keinem *Sturmereignis* zugeordnet.

- Die Zuggeschwindigkeit des *Sturmereignisses* durfte maximal $120km/h$ betragen. Dazu wurde, angesichts der 6-stündlichen Auflösung der *ERA40*-Daten, der maximale für das *Nearest-Neighbour*-Verfahren erlaubte Abstand zwischen zwei *Sturmfeld*-Schwerpunkten in aufeinanderfolgenden Zeitschritten auf 720km beschränkt.

- Die Lebensdauer eines *Sturmereignisses* durfte minimal 24 Stunden betragen. Das bedeutet, dass für mindestens vier aufeinanderfolgende Zeitschritte *Sturmfelder* unter den beiden zuvor genannten Beschränkungen zu finden und dem betreffenden *Sturmereignis* zuzuordnen sein mussten. *Sturmereignisse*, die über weniger als vier Zeitschritte identifiziert wurden, fanden keine weitere Berücksichtigung.

Für jedes derart identifizierte *Sturmereignis* wurden diverse meteorologische Eigenschaften (im Einzelnen in Abschnitt 2.2.3 dargestellt) aus den ihm zugeordneten *Sturmfeldern* sowie zugehörigen Gitterboxen, Windgeschwindigkeiten und Zeitschritten abgeleitet.

2.2.2 Abgleich der Sturm-Zugbahnen mit *NatCat*-Daten

Nachdem mithilfe des Tracking-Verfahrens die diskreten Sturmereignisse identifiziert waren, wurden diese mit der *NatCat*-Liste abgeglichen. Dazu wurde individuell für jeden der in Abschnitt 2.1.2 erwähnten 80 Winterstürme beurteilt, ob sich im Zeitraum, der in der *NatCat*-Liste für das betreffende Ereignis angeführt war, eine Sturm-Zugbahn finden ließ, die zumindest in der Nähe der aufgeführten Schadenskoordinaten verlief. Dabei durfte die Zugbahn ±5° bzgl. der geographischen Breite (ca. 555km) und ±8°bzgl. der geographischen Länge abweichen. Letzteres entspricht dabei ca. 300km in 70°N am nördlichen Rand Europas und ca. 680km am südlichen Rand bei 40°N.

Abb. 3 zeigt beispielhaft die mit diesem Verfahren gefundenen Tracks der Winterstürme „Daria" und „Martin" (rot), sowie die Koordinaten der aufgetretenen Schäden (blau) und deren Betrag (Originalsumme). Neben Anfang und Ende des Tracks finden sich noch die jeweiligen Zeitschritte und oberhalb der Plots der Zeitraum, in dem diese Ereignisse gemäß *NatCat*-Service Schäden verursacht haben. Das Beispiel von „Daria" zeigt sehr gute Übereinstimmung zwischen Track und Schadenskoordinaten. Im Fall von „Martin" ist eine größere Abweichung des gefundenen Tracks von den Schadenskoordinaten zu verzeichnen, die aber immer noch im Rahmen des genannten Toleranzbereichs bleibt.

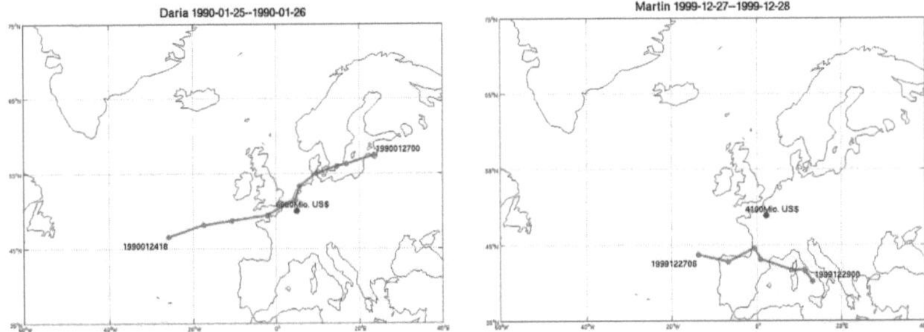

Abbildung 3: Zugbahnen (rot) der Winterstürme „Daria" und „Martin" mit Anfangs- und Endzeitpunkt gemäß Tracking-Verfahren sowie Koordinaten (blau), Originalsumme und Zeitraum (oben) der aufgetretenen Schäden gemäß *NatCat*-Service der *Münchener Rück*

2.2.3 Definition meteorologischer Parameter

In Abschnitt 1 wurden bereits meteorologische Eigenschaften von Stürmen aufgezählt, die von Bedeutung für resultierende Schäden sein könnten. In Abschnitt 1 wurde bereits deutlich gemacht, dass der von einem Sturm bewirkte Schaden neben den meteorologischen Eigenschaften maßgeblich durch das jeweils betroffene Gebiet beeinflusst wird. In Erweiterung der Untersuchung der allgemeinen meteorologischen Größen eines Sturms wird deswegen die Annahme getroffen, dass sämtliche durch Stürme verursachten Schäden an Land entstehen. Schäden auf offenem Meer, wie durch Schiffshavarien, werden unter dieser Annahme als vernachlässigbar betrachtet. Daraus ergibt sich die Notwendigkeit, wie schon kurz in Abschnitt 2.1.1 erwähnt, die meteorologischen Größen gesondert nur über Land zu betrachten.

Im Folgenden werden die einzelnen Parameter beschrieben, die für diese Arbeit auf ihren Zusammenhang mit bewirkten Schäden untersucht wurden. Dabei wird jeweils auch kurz erläutert, wie sie im Anschluss an das in Abschnitt 2.2.1 beschriebene Tracking-Verfahren berechnet wurden.

Lebensdauer Als Lebensdauer D eines Sturmereignisses wird in dieser Arbeit die Anzahl der Zeitschritte betrachtet, über die es sich mit dem geschilderten Verfahren identifizieren ließ. Die Lebensdauer über Land D_l ist dementsprechend die Anzahl der Zeitschritte, zu denen mindestens eine Land-Gitterbox dem Sturmereignis zugeordnet wurde.

Fläche Als Fläche A wird in dieser Untersuchung die mittlere horizontale Ausdehnung eines Sturmsystems begriffen. Wie in Abschnitt 2.2.1 beschrieben, wurden zu jedem Zeitschritt die zusammenhängenden Gitterboxen, in denen eine Überschreitung des 98. Perzentils vorliegt, bestimmt. Die Anzahl der Gitterboxen kann, nach einer zusätzlichen Flächenkorrektur über den jeweiligen Breitengrad für jede einzelne Gitterbox, als Ausdehnung oder Fläche des Sturms verstanden werden. Der Mittelwert über alle Zeitschritte im Lebenszyklus des Sturms stellt die mittlere

Fläche des Systems dar, welche in dieser Untersuchung auf ihre Relevanz für Schäden untersucht wurde. Die Fläche über Land A_l wurde analog berechnet, wobei hier für jeden Zeitschritt nur die Land-Gitterboxen berücksichtigt wurden.

Windgeschwindigkeit Zum Einen wird in dieser Arbeit die **maximale Windgeschwindigkeit** V_{max} untersucht. Diese versteht sich als absolutes Maximum der Windgeschwindigkeiten aller Gitterboxen und Zeitschritte, welche dem betreffenden Sturmereignis zugeordnet wurden. Die maximale Windgeschwindigkeit über Land $V_{max,l}$ ist das Maximum der Windgeschwindigkeiten aller Land-Gitterboxen und Zeitschritte des Sturmereignisses. Des Weiteren wird auch die **mittlere Windgeschwindigkeit** V_{mean} betrachtet. Für jeden Zeitschritt eines Sturmereignisses wurde eine mittlere Windgeschwindigkeit über alle zugeordneten Gitterboxen berechnet, wobei der Wert jeder Gitterbox mit ihrer breitengradabhängigen Fläche gewichtet wurde. Aus diesen mittleren Windgeschwindigkeiten pro Zeitschritt wurde anschließend die mittlere Windgeschwindigkeit des gesamten Sturmereignisses berechnet, indem die Einzelwerte mit der jeweiligen Fläche des Sturmfeldes zum betreffenden Zeitschritt gewichtet wurden und daraus wiederum der Mittelwert berechnet wurde. Damit entspricht diese mittlere Windgeschwindigkeit dem flächengewichteten Mittel aller Gitterboxen, die dem betreffenden Sturmereignis zugeordnet wurde. Gitterboxen, die zu mehr als einem Zeitschritt vom Sturmereignis betroffen sind, gehen dementsprechend auch mehrfach in die Berechnung ein. Analog wird die mittlere Windgeschwindigkeit über Land $V_{mean,l}$ nur aus den dem Sturmereignis zugeordneten Land-Gitterboxen berechnet.

Intensität Neben den absoluten Windgeschwindigkeiten des Systems wurde der Ansatz von Klawa und Ulbrich (2003) verfolgt und die Intensität eines Sturms bzgl. einer Gitterbox als dritte Potenz der relativen Überschreitung des 98. Perzentils untersucht. Die Berechnung der Intensität des gesamten Sturmereignisses I erfolgte analog zur mittleren Windgeschwindigkeit. Dementsprechend ist die Intensität in dieser Arbeit genaugenommen die durchschnittliche Intensität einer Gitterbox des Sturmereignisses. Die Intensität über Land I_l ergibt sich wiedrum nur aus den Land-Gitterboxen.

Footprint Als Footprint F, also Fußabdruck, eines Sturmereignisses wird die Fläche verstanden, die zu mindestens einem Zeitschritt davon betroffen war. Gitterboxen, die zu mehreren Zeitschritten betroffen waren, werden trotzdem nur einmal gezählt. Der Footprint ist somit eine Größe, die sich aus Ausdehnung, Lebensdauer und Zuggeschwindigkeit eines Sturmsystems zusammensetzt. Der Footprint über Land F_l beinhaltet nur die Land-Gitterboxen, die zu mindestens einem Zeitschritt dem jeweiligen Sturmereignis zugeordnet wurden.

Persistenz Als Persistenz P eines Sturms wird in dieser Arbeit die durchschnittliche „Wirkunsdauer" des Sturms an jeder Gitterbox verstanden. Sie soll also Aussage darüber treffen, wie lange ein und derselbe Ort von einem Sturmereignis betroffen ist. Auch hier handelt es sich wieder nur um eine mittlere Größe, die sich aus anderen ableitet. Die Berechnung der Persistenz erfolgte, indem die Flächen eines Sturms über alle Zeitschritte aufsummiert wurden und dann durch seinen Footprint geteilt wurden. Die Persistenz über Land P_l berechnet sich dementsprechend aus den Flächen über Land und dem Footprint über Land.

Selbstverständlich werden diese meteorologischen Eigenschaften eines Sturmes zumindest teilweise in Wechselwirkung miteinander stehen. Auch wenn der Fokus dieser Arbeit auf der Bedeutung der Einflussgrößen für Schäden liegt, wird in Abschnitt 3 versucht, auch diese Wechselwirkungen näher zu beleuchten.

2.2.4 Ereignisspezifischer Schadensindex

In Abschnitt 1 und 2.1.3 wurde bereits darauf eingegangen, dass es für das Ziel dieser Untersuchung nötig ist, eine Korrektur bzgl. vom jeweiligen Sturm betroffener Wertekonzentrationen zu unternehmen. Daten zu tatsächlich vorhandenen Werten im Untersuchungsraum lagen nicht vor, dementsprechend musste eine andere Größe als Proxy dieser Wertekonzentration verwendet werden. Dorland et al. (1999) bedienten sich dafür des durchschnittlichen Haushaltseinkommens. Für diese Arbeit dagegen wird, wie bereits erwähnt, die Methode von Klawa und Ulbrich (2003) sowie Walz (2001) angewendet und die Bevölkerungsdichte genutzt.

Dazu wurde eine virtuelle Gesamtbevölkerungszahl für das vom Sturm betroffene Gebiet errechnet, indem die Bevölkerungsdichten der einzelnen Gitterboxen im Footprint des Sturms breitenkorrigiert aufsummiert wurden. Anschließend wurde die vom jeweiligen Sturm verursachte Schadenssumme durch den Quotienten aus dieser Bevölkerungszahl und Footprint dividiert. Anders ausgedrückt wurde ein ereignisspezifischer Schadensindex gebildet, indem die jeweilige Schadenssumme durch die durchschnittliche Bevölkerungsdichte im vom Sturm betroffenen Gebiet dividiert wurde. Je größer ein Sturmschaden und kleiner die Bevölkerungsdichte, also Wertekonzentration, im betroffenen Gebiet ist, desto zerstörerischer muss der Sturm gewesen sein. Dieser Schlussfolgerung wird der hier gebildete Schadensindex gerecht. Genau so gut hätte man die Bevölkerungsdichte als Multiplikator der meteorologischen Größen im Hinblick auf ihre Schadenswirkung verwenden können, aus Gründen besserer Anschaulichkeit der Eigenschaften einzelner Stürme sollten aber die meteorologischen Kerngrößen nicht modifiziert werden.

2.2.5 Zusammenhangsmaße

Ziel dieser Arbeit ist es, die Zusammenhänge zwischen Sturmeigenschaften und -schäden nicht nur qualitativ, sondern auch quantitativ zu untersuchen. Daraus ergibt sich die Notwendigkeit, ein geeignetes Zusammenhangsmaß zu finden.

Das wohl Gängigste dieser Art ist die auf Pearson (1896) zurückgehende *Produkt-Moment-Korrelation*, oder auch kurz *Pearson-Korrelation*, die aber einige Anforderungen an die betrachteten Variablen stellt. So wird bei der Verwendung dieses Zusammenhangsmaßes von einer linearen Abhängigkeit zwischen den beiden Größen ausgegangen. Dies ist aber bei den hier betrachteten Größen nicht in jedem Fall zu garantieren oder sogar, wie z.B. für die Beziehung zwischen Windgeschwindigkeit und Schaden, nach dem in Abschnitt

1 dargestellten Stand der Wissenschaft definitiv nicht zutreffend. Eine Anwendung der *Pearson-Korrelation* bei nichtlinearer Abhängigkeit zwischen den betrachteten Größen führt zwangsläufig zu niedrigeren Korrelationskoeffizienten und damit zur Verschleierung von eventuell doch vorhandenen Zusammenhängen. Des weiteren erfordert dieses Maß zumindest annähernd eine Normalverteilung der beiden betrachteten Variablen. Auch diese Bedingung ist für einige der betrachteten Sturmeigenschaften und erst recht für die Schadensdaten nicht erfüllt.

Aus diesen Gründen wurde eine Normalisierung der Daten vorgenommen, indem für die *Pearson-Korrelation* die Logarithmen der betrachteten Größen verwendet wurden. Die Bedingung der Normalverteilung kann so für alle Größen erfüllt werden. Gemäß durchgeführten *Kolmogorov-Smirnov-Tests* weicht keine der Verteilungen der logarithmierten Größen signifikant von einer Normalverteilung ab.

Ein ebenfalls weit verbreitetes Maß für den Zusammenhang zwischen zwei Größen ist der *Rangkorrelationskoeffizient* nach Spearman (1904). Rangkorrelationskoeffizienten für den Zusammenhang zwischen zwei Größen berechnen sich aus den Rangfolgen der statistischen Elementarereignisse bzgl. dieser beiden Größen. Damit bilden sie ein sehr robustes und verteilungsfreies Zusammenhangsmaß, was sie gerade für eine Untersuchung wie diese, bei der die genaue Charakteristik der einzelnen Verteilungen nicht bekannt ist, prädestiniert. Dementsprechend ist für die Berechnung der *Spearman-Korrelation* auch keine weitere Aufbereitung der Daten nötig. Der bzgl. einer Größe vorhandene Abstand zwischen zwei Elementarereignissen spielt hier im Gegensatz zur *Pearson-Korrelation* keine Rolle. Die Stärke eines (Sturm-)Ereignisses bzgl. einer Größe ist also ohne Auswirkung auf die Rangkorrelation, solange sie sich nicht in einer anderen Rangfolge der Ereignisse gegenüber der Vergleichsgröße auswirkt.

Da beide bisher angeführten Zusammenhangsmaße ihre Vor- und Nachteile im Zusammenhang mit dieser Arbeit haben, wurde noch ein drittes Maß verwendet. Dabei handelt es sich um den *Informationsindex*, welcher als normierte *Transinformation* auf der von Shannon (1948) eingeführten *statitischen Entropie* basiert. Da dieses Zusammenhangsmaß eher weniger verbreitet ist, soll es im Folgenden kurz erläutert werden:

Die statistische Entropie ist Ausdruck der Unbestimmtheit einer Größe. Wenn z.B. alle Winterstürme die gleiche Fläche hätten, so wäre diese Größe vollkommen bestimmt, die statistische Entropie wäre 0. Wenn dagegen alle Winterstürme völlig unterschiedliche Flächen hätten, so wäre diese Größe maximal unbestimmt, also auch die statistische Entropie maximal. Der *Informationsindex* (q) trifft nun eine Aussage darüber, ein wie großer Anteil dieser Unbestimmtheit sich durch die Kenntnis einer zweiten Größe beseitigen lässt. Die genaue Berechnung ist Anhang A zu entnehmen. Für zwei stochastisch unabhängige Größen liefert er das Ergebnis 0 und im Fall funktionaler Abhängigkeit das Ergebnis 1. Er gibt allerdings nicht an, ob es sich um einen positiven oder negativen Zusammenhang handelt und er ist kein symmetrisches Zusammenhangsmaß, was bedeutet, $q(Y|X)$ ist nicht zwangsläufig gleich $q(X|Y)$. Für stetige Verteilungen würde die Berechnung mittels der Integrale über die Wahrscheinlichkeitsdichtefunktion erfolgen. Für die vorliegende Arbeit wurden für die jeweils betrachteten Größen Histogramme erstellt und daraus die Auftrittswahrscheinlichkeiten der einzelnen Ereignisklassen bestimmt. Die optimale Zahl der Klassen für die Histogramme wurde nach der Regel von

Sturges (1926) auf 7 festgelegt. Damit zeigt dieses Zusammenhangsmaß aber einen weiteren Nachteil, denn an dieser Stelle leidet das Verfahren stark unter der relativ geringen Anzahl von Winterstürmen als Stichprobengröße.

Für diese Arbeit werden also drei verschiedene Zusammenhangsmaße verwendet, die jeweils unterschiedliche Vor- und Nachteile mit sich bringen. Durch die Verwendung aller drei Maße sollte es aber trotzdem möglich sein, belastbare Erkenntnisse zu gewinnen.

3 Ergebnisse

3.1 Zusammenhänge zwischen meteorologischen Einzelgrößen und Schadensindex

Tabelle 1: Maße für den Zusammenhang zwischen verschiedenen meteorologischen Sturmeigenschaften (allgemein und nur über Land) und Schadensindex; statistische Signifikanz gemäß 95%-Schwelle (hellblau) und 99%-Schwelle (dunkelblau)

Met. Größe	Spearmans ρ	Pearsons R	Informationsindex Inf
V_{mean}	-0.100	-0.038	0.327
$V_{mean,l}$	-0.031	-0.038	0.178
V_{max}	0.110	0.177	0.230
$V_{max,l}$	0.317	0.328	0.346
I	0.395	0.431	0.579
I_l	0.384	0.391	0.527
D	0.116	0.097	0.299
D_l	0.172	0.186	0.380
A	0.217	0.106	0.184
A_l	0.366	0.232	0.176
F	0.239	0.129	0.239
F_l	0.321	0.228	0.307
P	0.077	0.121	0.283
P_l	0.243	0.218	0.282

Das in Abschnitt 2.2.1 beschriebene Verfahren identifiziert im gesamten Betrachtungsgebiet und für den vollen Zeitraum (1959/1960-2001/2002) der vorliegenden *ERA40*-Windgeschwindigkeitsdaten insgesamt 2137 Sturmtracks. Beim Abgleich mit der *Nat-Cat*-Schadensliste der *Münchener Rück* war es möglich, 60 der aufgelisteten 80 Winterstürme eindeutig eine identifizierte Zugbahn zuzuordnen. Für lediglich fünf Sturmereignisse mit Schadenssummen von mehr als 100 Mio. US\$ (in Originalwerten) war keine solche Zuordnung möglich. Dabei handelt es sich unter anderem um einen Wintersturm vom 06. bis 09.11.1982 (1000 Mio. US\$), für den keine einzige Zugbahn im gesamten Betrachtungsgebiet gefunden werden konnte. Dem Wintersturm „87J" als einem der schadenträchtigsten Winterstürme überhaupt (3700 Mio. US\$) im Oktober 1987 konnte unter den hier angewendeten Kriterien ebenfalls keine Zugbahn zugeordnet werden. Es scheint, dass sich „seine" Zugbahn nur im Vorfeld weiter südlich der Schadenskoordinaten finden lässt. „87J" stellt aber insofern einen besonderen Fall dar, als dass dieser Sturm das Phänomen des sogenannten *Sting-Jets* aufwies, welcher als wesentliche Ursache der enormen durch diesen Sturm verursachten Schäden betrachtet wird. Dabei handelt es sich um ein mesoskaliges Phänomen, dass nachweislich schlecht bis gar nicht in Reanalyse-Daten aufgelöst wird (Browning, 2004; Clark et al., 2005). Auch für „Judith" (315 Mio. US$) im Februar 1990, die scheinbar erst stromabwärts identifiziert wurde, sowie „Lore" (810 Mio. US$) im Januar 1994 und eine Serie von Winterstürmen vom 01. bis 05.01.1998 (650 Mio. US$), für welche sich jeweils mehrere Zugbahnen finden ließen, konnte keine Zuordnung getroffen werden.

Im Anhang B findet sich eine Übersicht über alle 60 identifizierten Winterstürme und ihre berechneten Eigenschaften, sowie den jeweils abgeleiteten Schadensindex.

Tab. 1 zeigt die verschiedenen gefundenen Maße für die Zusammenhänge zwischen meteorologischen Parametern und Schadensindex. Die Signifikanz der *Spearman-Korrelation* wurde mithilfe eines Permutationstests überprüft, die der *Pearson-Korrelation* mittels eines *t-Tests*. Für den *Informationsindex* war kein geeignetes Verfahren zur Überprüfung der Signifikanz bekannt.

Zentrales Ergebnis dieser gefundenen Zusammenhangsmaße ist die herausstechende Bedeutung der Sturmintensität, gemäß der für diese Arbeit verwendeten Definition (siehe Abschnitt 2.2.3) für resultierende Schäden, die sich auch unabhängig von einer Land-See-Differenzierung zeigt. Dieses Ergebnis ist über alle drei Zusammenhangsmaße konsistent.

Darüber hinaus besitzt auch die maximale Windgeschwindigkeit über Land einen signifikanten Zusammenhang zu resultierenden Schäden. Die mittlere Sturmfläche und der Footprint stehen, jeweils nur über Land betrachtet, bezogen auf die *Spearman-Rangkorrelation* ebenfalls in engem, statistisch signifikantem Zusammenhang zum Schadensindex. Dagegen weist die *Pearson-Korrelation* hier auf einen weniger engen Zusammenhang hin, der nicht statistisch signifikant ist. Die Lebensdauer eines Sturms und seine Persistenz zeigen nur schwache Korrelationen mit dem Schadensindex, die nicht statistisch signifikant sind. Zumindest die Persistenz über Land verfehlt die Signifikanzschwelle aber nur knapp. Die mittlere Windgeschwindigkeit innerhalb eines Sturmereignisses steht in praktisch keinem Zusammenhang zum Schadensindex.

Spearman- und *Pearson-Korrelation* zeigen für die meisten meteorologischen Größen ein sehr ähnliches Verhalten und zeigen abgesehen von Fläche und Footprint auch die gleiche Rangfolge in der Bedeutung der unterschiedlichen meteorologischen Parameter für resultierende Schäden. Der *Informationsindex* dagegen weist bzgl. einiger Größen ein deutlich abweichendes Verhalten auf. Zwar wird auch hier die herausragende Stellung der Sturmintensität und die nachrangige Bedeutung der mittleren Windgeschwindigkeit deutlich, auffällig sind aber die vergleichsweise hohen Ergebnisse für den Zusammenhang zwischen Sturmdauer und Schaden und dem gegenüber die niedrigen Werte für Sturmfläche und Schaden. Bei weiteren (hier nicht gezeigten) Tests und Berechnungen zeigte der *Informationsindex* noch öfter Ergebnisse, die denen von *Spearman-* und *Pearson-Korrelation* widersprachen. Die Aussagekraft des *Informationsindexes* muss deswegen für diese Untersuchung und die zugrundeliegenden Daten angezweifelt werden und wird im Folgenden nicht weiter berücksichtigt. In Abschnitt 4 wird noch einmal kurz auf diese Problematik eingegangen.

In Abschnitt 2.2.3 wurde bereits angesprochen, dass die verschiedenen meteorolgischen Größen miteinander in Wechselwirkung stehen. So stellen z.B. Rudeva und Gulev (2007) bei ihrer Untersuchung zu Zyklonengrößen einen starken Zusammenhang zwischen Zyklonenausdehnung, -lebensdauer und -intensität fest. Vor diesem Hintergrund muss die Frage gestellt werden, ob die in tab. 1 dargestellten Korrelationen allesamt echte Zusammenhänge repräsentieren oder zumindest teilweise Scheinkorrelationen darstellen, die durch den Einfluss von Drittgrößen bewirkt werden. Um diese Frage zu beantworten wurden die in Tab. 2 aufgeführten *partiellen Spearman-* und *Pearson-Korrelationen* berechnet. Diese sollen wiedergeben, wie sich die Korrelation zwischen einer meteorologischen Größe eines Sturms (1. Tabellenspalte) und dem Schadensindex darstellt, wenn der Einfluss eine dritten Größe (1. Tabellenzeile) *herauspartialisiert* wird. Sie berechnen sich aus den gefundenen Korrelationskoeffizienten für die jeweils beiden meteorologischen Größen und den Schadensindex (siehe Tab. 1), sowie dem Korrelationskoeffizienten für den Zusammenhang zwischen den beiden meteorologischen Größen selbst (nicht gezeigt). Aufgeführt werden hier nur die partiellen Korrelationen für die meteorologischen Größen über Land. Die zentralen Ergebnisse aus Tab. 1 werden auch durch die *partiellen*

Tabelle 2: Partielle Korrelationskoeffizienten für Zusammenhang zwischen meteorologischer Größen (1. Spalte) und Schadensindex bei Kontrolle von Drittgrößen (1. Zeile); *Spearman-Korrelation* jeweils oben, *Pearson-Korrelation* unten; statistische Signifikanz gemäß 95%-Schwelle (hellblau) und 99%-Schwelle (dunkelblau)

	$V_{mean,l}$	$V_{max,l}$	I_l	D_l	A_l	F_l	P_l
$V_{mean,l}$	—	-0,252	0,210	-0,002	0,092	0,085	0,003
	—	-0,312	0,222	0,021	0,040	0,056	0,005
$V_{max,l}$	0,396	—	0,344	0,289	0,284	0,282	0,271
	0,439	—	0,347	0,305	0,312	0,315	0,290
I_l	0,429	0,405	—	0,353	0,260	0,273	0,335
	0,440	0,406	—	0,351	0,324	0,326	0,340
D_l	0,169	0,107	0,059	—	0,030	-0,020	-0,006
	0,183	0,138	0,032	—	0,096	0,053	0,049
A_l	0,375	0,339	0,230	0,329	—	0,185	0,283
	0,232	0,207	-0,002	0,170	—	0,052	0,126
F_l	0,330	0,287	0,163	0,276	-0,014	—	0,236
	0,232	0,208	-0,019	0,145	0,034	—	0,134
P_l	0,241	0,175	0,140	0,174	0,019	0,094	—
	0,214	0,150	0,076	0,125	0,097	0,114	—

Korrelationskoeffizienten bestätigt. Die Sturmintensität (über Land) zeigt weiterhin den größten Zusammenhang zum Schadensindex, der unabhängig von der kontrollierten Größe statistisch signifikant bleibt.

Die maximale Windgeschwindigkeit über Land weist einen fast genauso engen Zusammenhang zum Schadensindex auf, welcher sich ebenfalls unabhängig von der kontrollierten Größe als statistisch signifikant bestätigt.

Die mittlere Sturmfläche (über Land) bleibt weiterhin (bzgl. der *Spearman-Korrelation*) die dritte wichtige Einflussgröße für resultierende Schäden. Deutlich wird hier aber die Wechselwirkung zwischen Intensität und Fläche, welche sich darin äußert, dass die *partielle Spearman-Korrelation* für Fläche und Schadensindex bei Kontrolle der Intensität unter den Schwellwert statistische Signifikanz sinkt. Genauso ergibt die Kontrolle des Footprints eine vergleichsweise niedrige *partielle Korrelation* für Fläche und Schaden, hier muss aber die Richtung des kausalen Zusammenhangs betont werden. Der Footprint ergibt sich u.a. aus der Fläche und nicht umgekehrt.

Dieser gerichtete kausale Zusammenhang wird auch in den Ergebnissen für den Footprint deutlich. Während sich bei Kontrolle der meisten Drittgrößen weiterhin *partielle Korrelationen* für Footprint und Schadensindex zeigen, die statistisch signifikant sind oder knapp unter dem Signifikanzschwellwert liegen, bewirkt die Kontrolle der Sturmfläche de facto ein „Verschwinden" der Korrelation zwischen Footprint und Schadensindex.

Die Persistenz über Land steht weiterhin nur in schwachem, nicht signifikantem Zusammenhang zum Schadensindex. Insbesondere bei Kontrolle der Fläche oder des Footprints zeigt sich praktisch keine *partielle Korrelation* mehr.

Die Lebensdauer eines Sturms über Land ist auch nach diesen Ergebnissen ohne signifikante Bedeutung für resultierende Schäden.

Die mittlere Windgeschwindigkeit über Land zeigt unterscheidliche Ergebnisse bzgl. der *partiellen Korrelationen*. Bei Kontrolle der Sturmintensität zeigt sich ein gewisser positiver Zusammenhang zum Schadensindex, der jedoch nicht statistisch signifikant ist. Bei Kontrolle der maximalen Windgeschwindigkeit zeigt sich ein negativer Zusammenhang, der bzgl. *Pearson-Korrelation* sogar statistisch signifikant ist. Dies ist folgendermaßen zu erklären: Der Absolutwert der Windgeschwindigkeit besitzt gegenüber der Intensität, als Ausdruck der *relativen* Perzentilüberschreitung, ein gewisses zusätzliches Informationspotential für resultierende Schäden. Dies erklärt die positive *partielle Korrelation* bei Kontrolle der Intensität. Dieses zusätzliche Informationspotential liegt aber vor allem in der maximalen Windgeschwindigkeit, die eng mit der mittleren Windgeschwindigkeit im Sturmereignis korreliert.

Zusammenfassend bestätigen die *partiellen Korrelationen* die zuvor erhaltenen Ergebnisse bzgl. der Bedeutung der einzelnen meteorologischen Größen für resultierende Schäden. Intensität und maximale Windgeschwindigkeit zeigen den engsten Zusammenhang zum Schadensindex, besitzen also diesbezüglich das größte Informationspotential. Die *partiellen Korrelationen* weisen zudem darauf hin, dass diese beiden für die Schadenswirkung eines Sturmes zentralen Eigenschaften kaum miteinander korrelieren, sich also in ihrem Informationspotential ergänzen. Direkt berechnete Zusammenhangsmaße für diese beiden Größen bestätigen dies (nicht gezeigt). Auch die mittlere Sturmfläche zeigt einen signifikanten Zusammenhang zum Schadensindex, der jedoch teilweise auf die Wechselwirkung zwischen Fläche und Intensität zurückzuführen ist. Weiterhin bestätigt sich, dass der Zusammenhang zwischen Footprint und Schadensindex weniger eng ist, als der zwischen mittlerer Fläche und Schadensindex und das obwohl beide Größen in hohem

Maß miteinander korrelieren (nicht gezeigt). Der Footprint wird maßgeblich durch die Ausdehnung eines Sturms, aber auch durch dessen Lebensdauer und Zuggeschwindigkeit bestimmt. Wenn man die Korrelationskoeffizienten von Persistenz und Schaden berücksichtigt, auch wenn diese nicht statistisch signifikant sind, und davon ausgeht, dass die Persistenz eines Sturms (durchschnittliche Wirkungsdauer an einem Ort) deutlich negativ mit der Zuggeschwindigkeit korrelieren müsste, so würde dies bedeuten, dass die Zuggeschwindigkeit eines Sturms in negativem Zusammenhang zu resultierenden Schäden steht. Da für diese Arbeit jedoch die Zuggeschwindigkeit der Sturmereignisse nicht unabhängig berechnet wurde und die hier betrachtete Persistenz nur aus den Flächenmaßen abgeleitet wurde, bleibt diese Erklärung spekulativ.

3.2 Integrale Maße der Sturmstärke und Zusammenhänge mit Schäden

Die zuvor beschriebenen Ergebnisse bzgl. des Zusammenhangs zwischen einzelnen meteorologischen Eigenschaften eines Sturms und dem Schadensindex haben deutlich gemacht, dass nicht nur eine Größe allein für die durch den Sturm verursachten Schäden verantwortlch ist.

Vor diesem Hintergrund sollen abschließend drei verschiedene Maße der Sturmstärke auf ihren Zusammenhang zu resultierenden Schäden hin untersucht werden. Diese Maße integrieren dabei jeweils mehrere (mindestens zwei) meteorologische Eigenschaften eines Sturmereignisses um eine Aussage bzgl. der Stärke des Ereignisses als Ganzes zu treffen. Das Erste dieser Maße für die Sturmstärke ist der von Leckebusch et al. (2008) vorgestellte *Storm Severity Index* (*SSI*), welcher u.a. gerade dafür konzipiert wurde, ein objektives Maß für die Sturmstärke aus Gitterpunktdaten ableiten zu können. Leckebusch et al. definieren diesen *SSI* in zwei Versionen, wobei für die vorliegende Arbeit nur die ereignisspezifische Variante des *Event-SSI* (*ESSI*) von Interesse ist. Diese berechnet sich als Summe der Sturmintensitäten (nach gleicher Definition wie in dieser Arbeit) über alle dem Sturmereignis zugeordneten flächengewichteten Gitterboxen und alle Zeitschritte:

$$ESSI = \sum_t \sum_k [(max(0, \frac{v_{k,t}}{v_{98,k}} - 1))^3 * A_k]$$

k ist hier ein Laufindex für alle Gitterboxen des Sturmfeldes zu einem Zeitschritt und t ein Laufindex für die Zeitschritte in denen das Sturmereignis identifiziert wurde. v ist die Windgeschwindigkeit der jeweiligen Gitterbox zum betreffenden Zeitschritt, v_{98} der entsprechende Perzentilschwellwert und A die breitengradabhängige Fläche der Gitterbox. Damit integriert der *ESSI* die Sturmintensität, als relative Überschreitung eines lokalklimatologischen Windgeschwindigkeitsschwellwertes, die Ausdehnung bzw. Fläche und die Lebensdauer eines Sturmereignisses. Die Absolutwerte der Windgeschwindigkeiten hingegen werden nicht berücksichtigt.

Ein anderes Maß der Sturmstärke ist der von Bell et al. (2000) definierte *Accumulated Cyclone Energy Index* (*ACE*), welcher hauptsächlich von der *National Oceanic and Atmospheric Administration* (NOAA) genutzt wird, um die Intensität tropischer Zyklonen und die Aktivität ganzer *Hurrikan-Saisons* einzustufen. Im Grunde ist der *ACE*-Index nicht für die Anwendung auf Gitterpunktdaten konzipiert und wird eigentlich auch nicht für Winterstürme der mittleren Breiten genutzt. Vor dem Hintergrund der in Abschnitt 3.1 gezeigten Bedeutung der maximalen Windgeschwindigkeit als Absolutwert, soll er hier aber zum Vergleich auf die vorliegenden Daten angewendet werden. Dies geschieht über die Summierung der Quadrate der maximalen Windgeschwindigkeiten aller Zeitschritte eines Sturmereignisses:

$$ACE = \sum_t V_{max,t}^2$$

Damit integriert der *ACE* die absolute maximale Windgeschwindigkeit und die Lebensdauer eines Sturmereignisses. Er berücksichtigt aber nicht die Ausdehnung eines Sturmes und die lokale Windklimatologie und dementsprechend evtl. angepasste Infrastruktur. Beide hier beschriebenen Sturmstärkeindizes wurden für die Sturmereignisse als Ganzes berechnet, aber auch wieder nur für die Sturmteile, also Gitterboxen und Zeitschritte, die Landflächen betrafen ($ESSI_l$ bzw. ACE_l). Beide Größen wurden wiederum auf ihren Zusammenhang zu dem in Abschnitt 2.2.4 beschriebenen Schadensindex untersucht.
Als drittes Sturmstärkemaß wurde der *ESSI* abgewandelt und an das von Klawa und Ulbrich (2003) vorgestellte Schadenmodell angepasst. Dieser Sturmstärkeindex wird im Folgenden als *Storm Impact Index* (*SII*) bezeichnet und berücksichtigt neben den bereits im *ESSI* implizit enthaltenen Größen zusätzlich die Bevölkerungsdichte (als Proxy vorhandener Werte) jeder einzelnen Gitterbox (Pop_k). Formal stellt er sich dar als:

$$SII = \sum_t \sum_k [(Pop_k * max(0, \frac{v_{k,t}}{v_{98,k}} - 1))^3 * A_k]$$

Da die Bevölkerungsdichte in diesen Index bereits integriert ist, verbietet es sich, diesen auf seinen Zusammenhang zum Schadensindex zu untersuchen, welcher ja ebenfalls mit der Bevölkerungsdichte konstruiert wurde. Die im Folgenden präsentierten Korrelationskoeffizienten für den *SII* gelten deswegen für den Zusammenhang mit den reinen (inflationskorrigierten) Schadensummen. Zu betonen ist außerdem, dass die Bevölkerungsdichte aller Gitterboxen zu allen Zeitschritten des Sturmereignisses in den *SII* eingeht. Dementsprechend bekommt die Bevölkerungsdichte einer Gitterbox, die in mehr als einem Zeitschritt dem Sturmereignis zugeordnet wurde entsprechnd mehr Gewicht gegenüber einer Gitterbox die nur zu einem Zeitschritt betroffen war.
Aus diesen Gründen sind die Korrelationskoeffizienten des *SII* nicht vollkommen mit denen der anderen Indizes (siehe Tab. 3) und der meteorologischen Einzelgrößen vergleichbar. Zusätzlich kann der *SII* nur über Land berechnet werden, da er per Definition für nicht bevölkerte Sturmfelder gleich Null ist.
Für die *Pearson-Korrelation* wurden erneut die Logarithmen aller drei Indizes verwendet, da sonst nicht die Bedingung einer Normalverteilung hätte erfüllt werden können.
 Es zeigt sich, dass der *ESSI* einen statistisch signifikanten Zusammenhang zum Schadensindex aufweist. Bzgl. der *Spearman-Korrelation* sind die gefundenen Korrelationskoeffizienten höher als für jede einzelne meteorologische Größe. Die *Pearson-Korrelationen*

Tabelle 3: *Spearman-* und *Pearson-Korrelation* für die Zusammenhänge zwischen Sturmstärkeindizes und Schadensindex (für $ESSI$, $ESSI_l$, ACE und ACE_l) bzw. Schadensummen (für SII); statistische Signifikanz gemäß 95%-Schwelle (hellblau) und 99%-Schwelle (dunkelblau)

Index	Spearmans ρ	Pearsons R
$ESSI$	0,411	0,374
$ESSI_l$	0,436	0,393
ACE	0,133	0,116
ACE_l	0,209	0,219
SII	0,497	0,520

sind ebenfalls statistisch signifikant, liegen aber nicht höher als die für den Zusammenhang zwischen Schadensindex und mittlerer Sturmintensität.

Der Zusammenhang zwischen ACE und Schadensindex ist nur schwach ausgeprägt und statistisch nicht signifikant. Die nicht enthaltene Information über die Ausdehung eines Sturms und eventuell unterschiedliche lokalklimatologische Hintergründe wirken sich hier offenbar negativ auf die Korrelationskoeffizienten aus.

Der SII als Mischform aus $ESSI$ von Leckebusch et al. (2008) und Schadenmodell von Klawa und Ulbrich (2003) zeigt sich als am besten geeignetes Maß zur Abschätzung der Schadenswirkung eines Sturmereignisses, auch wenn die hier erhaltenen Korrelationskoeffizienten nicht vollkommen mit denen der anderen Indizes vergleichbar sind. Tests mit anders konstruierten Schadensindizes haben aber gezeigt, dass der entscheidende Vorteil des SII in der direkten Verbindung zwischen lokaler (gitterboxspezifischer) Sturmintensität und Bevölkerungsdichte liegt.

Damit hat sich aber auch gezeigt, dass der $ESSI$ ein wirkungsvolles Maß zur Abschätzung der Sturmstärke und damit verbundener *potentieller* Schadenswirkung, unabhängig vom betroffenen Gebiet, ist.

4 Diskussion und Schlussfolgerungen

In dieser Arbeit wurden diverse meteorologische Eigenschaften von Winterstürmen auf ihre Zusammenhänge zu bewirkten Schäden hin untersucht. Als wesentliches Ergebnis aus Abschnitt 3.1 lässt sich festhalten, dass von den untersuchten Größen die Sturmintensität, definiert als 3. Potenz der relativen Überschreitung des lokalklimatologischen 98. Perzentils der Windgeschwindigkeit, die maximale Windgeschwindigkeit, als Absolutwert, und die mittlere Ausdehnung bzw. Fläche des Sturms einen statistisch signifikanten Zusammenhang zu Schäden aufweisen. Dabei ist herauszustellen, dass die Sturmintensität und maximale Windgeschwindigkeit praktisch überhaupt nicht miteinander korrelieren, sich also in ihrem Informationsgehalt ergänzen. Damit wird grundsätzlich der Ansatz vieler in Abschnitt 1 zitierten Arbeiten bestätigt, die sich für Schadensabschätzungen vornehmlich auf die aufgetretenen maximalen Windgeschwindigkeiten (z.B. Dorland et al., 1999; Rootzén and Tajvidi, 2001) konzentrieren. Auch die Einführung eines Schwellwertes, dessen Überschreitung zur Schadenswirkung nötig ist und die lokalklimatologische Skalierung der Windgeschwindigkeiten (z.B. Klawa and Ulbrich, 2003; Heneka et al., 2006) kann aufgrund der mit dieser Arbeit erzielten Ergebnisse als sinnvoll beurteilt werden. Die vorhandenen signifikanten Zusammenhänge zwischen der Sturmfläche bzw. dem Footprint und resultierenden Schäden bestätigt die von vielen Autoren geäußerte Forderung, auch die räumliche Ausdehnung von Sturmfeldern bzw. -ereignissen für Schadensabschätzungen zu berücksichtigen.

Für weitere Größen wie die Lebensdauer eines Sturmes oder die Persistenz, als durchschnittliche Wirkungsdauer eines Sturms an einem Ort, konnten nur schwache Korrelationen zu bewirkten Schäden festgestellt werden, die nicht statistisch signifikant sind. Damit konnten die Ergebnisse von Swiss Re (1993) für die Relevanz der Persistenz (dort *duration* genannt) mit dieser Arbeit nicht bestätigt werden.

Die mittlere Windgeschwindigkeit eines Sturmereignisses weist praktisch gar keinen Zusammenhang zu resultierenden Schäden auf. Dieses Ergebnis ist nicht so trivial, wie es scheint. Als mittlere Windgeschwindigkeit eines Sturmereignisses wird in dieser Arbeit schließlich das Mittel von Windgeschwindigkeiten betrachtet, die alle über dem jeweiligen lokalklimatologischen 98. Perzentil liegen.

Abschließende Tests mit drei kombinierten Maßen für die Stärke eines diskreten Sturmereignisses (siehe Abschnitt 3.2) weisen tendenziell auf den Nutzen derartiger Ansätze (Powell and Reinhold, 2007; Leckebusch et al., 2008) für die Abschätzung resultierender Schäden hin.

Trotz der signifikanten Zusammenhänge zwischen einzelnen Sturmeigenschaften bzw. kombinierten Maßen und Schäden bleibt aber festzustellen, dass der Großteil der Varianz der durch die betrachteten 60 Winterstürme verursachten Schäden unerklärt bleibt. Deswegen sollen abschließend die möglichen Ursachen hierfür diskutiert werden.

Bereits der Ansatz der Identifikation der Winterstürme und insbesondere ihrer verschiedenen Eigenschaften aus den auf einem N80-Gauss-Gitter aufgelösten Reanalysedaten (siehe Abschnitt 2.2.1) ist eher „grob“. Zu Beginn von Abschnitt 3.1 wurde auf den besonders schadenintensiven Wintersturm „87J“ hingewiesen, welcher besondere Eigenschaften aufwies, die in Reanalysedaten vorhandener Auflösungen nicht repräsentiert werden. Auch die Verwendung der instantanen Reanalyse-Windgeschwindigkeiten, welche eher 10-Minuten-Mitteln von Stationsdaten ähneln (Leckebusch et al., 2008), ist eventuell nicht optimal. Ob die Verwendung der parametrisierten Maximalböen aus den Reanalysen hier bessere Ergebnisse gebracht hätte ist aber auch fraglich.

Auch die Definitionen einiger meteorologischer Größen (siehe Abschnitt 2.2.3) bringen gewisse Informationsverluste mit sich. Gerade zwei der drei Größen mit dem engsten Zusammenhang zu resultierenden Schäden, die Sturmintensität und -fläche, stellen nur mittlere Größen des Sturmereignisses dar und auch die Persistenz bildet nur die durchschnittliche Wirkungsdauer des Sturms an einem Ort ab. Eine differenziertere Betrachtung dieser Größen und ihrer Kombinationen könnte weitergehende Aufschlüsse für die Zusammanhänge zu Sturmschäden liefern.

Aus Abb. 1 wird deutlich, dass die verwendete Land-See-Maske (siehe Abschnitt 2.1.1) an vielen Stellen den realen Küstenverlauf nicht adäquat repräsentiert. Dies betrifft insbesondere exponierte Bereiche wie beispielsweise die Bretagne oder Südwest-England.

Dies ist im Zusammenhang mit Sturmschäden problematisch, auch wenn die genauen
Auswirkungen auf die gefundenen Zusammenhänge nicht abzuschätzen sind. Einerseits
werden gerade solch exponierte Gebiete in besonderem Maße von Sturmereignissen betroffen, andererseits ist entsprechend dem Perzentilansatz von Klawa und Ulbrich (2003)
davon auszugehen, dass die lokale Infrastruktur auch dementsprechend ausgerichtet ist.
Die Verwendung der Bevölkerungsdichte als Proxy der Wertekonzentration ist sicher-
lich ein stark vereinfachender Ansatz, welcher in der hier verwendeten Form auch keine eventuellen Veränderungen im betrachteten Gebiet über den untersuchten Zeitraum
von immerhin 30 Jahren berücksichtigt. Dorland et al. (1999) haben stattdessen das
durchschnittliche Haushaltseinkommen für ihre Untersuchung der Sturmgefährdung der
Niederlande und Nordwesteuropas verwendet, mussten diese letztendlich aber als unge-
eignet verwerfen. Daten über die Verteilung realer Werte wären hier natürlich optimal.
Neben der Verwendung der Bevölkerungsdichte an sich ist aber auch die Konstrukti-
on des Schadensindexes (siehe Abschnitt 2.2.4) als sehr simpler Ansatz zu betrachten.
Die Verwendung der mittleren Bevölkerungsdichte im Footprint des Sturms, welcher
oftmals große Teile Europas abdeckt, als Korrekturfaktor der Schadensummen ist doch
ein sehr grobes Maß. Der so konstruierte Schadensindex korreliert in hohem Maße mit
den Schadensummen ($R, \rho > 0,95$), was den Vorteil dieser Größe gegenüber den reinen
Schadensummen als fraglich erscheinen lässt. Andere Konstruktionen des Schadensindexes wurden ebenfalls getestet, brachten allerdings auch keinen zusätzlichen Nutzen. Die
vergleichsweise hohen Korrelationen des SII weisen jedoch darauf hin, dass die Bevölkerungsdichte als Proxy der Wertekonzentrationen nicht gänzlich ohne Nutzen ist.
Eine weitere mögliche Fehlerquelle liegt in der Inflationskorrektur der Schadensummen
(siehe Abschnitt 2.1.2). Gemäß den Daten des IWF (2008) lag die Inflation in Westeuropa von 1980 bis 1991 meist über 5%, zu Beginn der 80er Jahre sogar über 10%. Seit 1992
dagegen lag sie stets darunter und seit 1996 sogar konstant unter 2,5%. Des Weiteren
fiel die Entwicklung der Inflation innerhalb der Region Westeuropa zum Teil sehr unter-
schiedlich aus, mit wahrscheinlich unterschiedlichen Konsequenzen für die Betrachtung
der einzelnen Schadensummen, abhängig vom jeweiligen Entstehungsgebiet. Eine durch-
gängige Inflationskorrektur mit jährlich 5% für alle Sturmschäden ist deshalb ebenfalls
eine stark vereinfachende Methode, die aber angesichts der fehlenden Inflationsdaten für
den Zeitraum vor 1980 und der begrenzten wirtschaftswissenschaftlichen Kenntnisse des
Autors bewusst gewählt wurde.
Die wahrscheinlich größten Unsicherheiten liegen aber in der Schadensliste des *NatCat-
SERVICE* der *Münchener Rück*. Zunächst ist die Angabe von Punktkoordinaten für
Schäden, die von Winterstürmen als meteorologischen Ereignissen auf der synoptischen
Skala verursacht wurden, keine hinreichende Angabe. Für diese Arbeit scheint dieser
Mangel allerdings nahezu folgenlos geblieben zu sein. Auch noch größere Toleranzberei-
che für die Nähe zwischen Sturm-Zugbahn und Schadenskoordinaten (siehe Abschnitt
2.2.2) hätten nicht für deutlich mehr Zuordnungen von Zugbahnen zu Schadensereig-
nissen geführt. Die für diese Arbeit wesentlichen Unsicherheiten liegen dagegen in den
Schadensummen selbst. Zum Einen sind die Unsicherheiten der Abschätzungen volks-
wirtschaftlicher Schäden nicht zu quantifizieren. Dabei ist davon auszugehen, dass diese
Unsicherheiten stark vom betroffenen Gebiet und dem Informationsaustausch mit loka-

len Stellen beeinflusst sind (persönliches Gespräch mit *Münchener Rück*), genauso aber vom Zeitpunkt des Ereignisses. So erleichtert die Telekommunikationsentwicklung gerade in den letzten Jahren zunehmend die Informationsbeschaffung und begünstigt verlässlichere Schadensabschätzungen. Auch die Größe des Ereignisses beeinflusst die Qualität der Schadensabschätzung, da zumeist nur für die größten Naturkatastrophen genaue Schadenanalysen und -berichte angefertigt werden (Münchener Rück, 2003). Entsprechend dieser Ansammlung von Unsicherheiten sind die in der vorliegenden *NatCat*-Liste aufgeführten Schadensummen relativ grob aufgeschlüsselt. Für Ereignisse mit Original-Schadensummen von mehr als 100 Mio. US$ scheinen die Werte zumeist nur noch auf Vielfache davon abgeschätzt zu sein.

Allgemein leidet die vorliegende Arbeit unter der für eine statistische Auswertung doch recht geringen Anzahl von 60 Wintersturmereignissen. Vor diesem Hintergrund dürfen auch die exakten Werte der gefundenen Zusammanhangsmaße nicht als besonders belastbar betrachtet werden. Diesbezügliche Experimente haben gezeigt, dass das Entfernen oder Hinzufügen eines einzigen Ereignisses in extremen Fällen (z.B. „Lothar") bereits zu deutlichen Veränderungen in der zweiten Nachkommastelle der einzelnen Zusammenhangsmaße führen kann.

Der *Informationsindex* und seine Berechnung über Histogramme erwies sich angesichts dieser geringen Datenmenge und der einzelnen Verteilungen als unbrauchbar. Von den 60 Wintersturmereignissen gehörten 52 zur untersten Schadensklasse. Damit wiesen die anderen Schadensklassen keine genügend großen Populationen mehr auf, um eine darauf basierende Auswertung vorzunehmen.

Bzgl. der *Pearson-Korrelation* ist anzumerken, dass sie zwar im Gegensatz zur *Spearman-Korrelation* über die Rangfolge hinaus auch die relative Stärke der Ausprägung einer Größe eines Sturmereignisses berücksichtigt, die Berechnung für die Logarithmen der Variablen aber dafür sorgt, dass nicht beurteilt werden kann, ob die vermutete lineare Beziehung zwischen betrachteter Größe und Schaden wirklich besteht. Da für Logarithmen $\log(a^x) = x * \log(a)$ gilt, kann z.B. mit dieser Arbeit nicht beurteilt werden, ob die Definition der Sturmintensität als 3. Potenz der relativen Perzentilüberschreitung mehr Sinn im Bezug auf resultierende Schäden macht als die Definition ohne oder mit beliebigen anderen Exponenten.

Trotz dieser Vielzahl von Einschränkungen behalten die wesentlichen Erkenntnisse dieser Arbeit ihre Gültigkeit. Die Sturmintensität, die maximale Windgeschwindigkeit über Land und die mittlere Sturmfläche über Land sind die wesentlichen Größen zur Abschätzung von resultierenden Sturmschäden. Sturmstärkeindizes, die Informationen über mehrere dieser (und anderer) Sturmeigenschaften beinhalten weisen tendenziell engere Zusammenhänge zu bewirkten Schäden auf als einzelne Sturmeigenschaften.

Um die hier betrachteten Zusammenhänge näher zu beleuchten und deutlicher zu quantifizieren, wäre es nötig, diese Untersuchung mit feiner aufgelösten Daten oder Modellen (siehe Heneka et al., 2006) weiterzuführen und dabei auch die meteorologischen Parameter differenzierter zu definieren.

Literatur

Balk, D. and Yetman, G. (2004). The Global Distribution of Population: Evaluating the gains in resolution refinement. Technical report, Center for International Earth Science Information Network (CIESIN) - Columbia University. Verfügbar unter `http://sedac.ciesin.columbia.edu/gpw/documentation.jsp` - Download: 17.08.2008.

Bell, G. D., Halpert, M. S., Schnell, R. C., Higgins, R. W., Lawrimore, J., Kousky, V. E., Tinker, R., Thiaw, W., Chelliah, M., and Artusa, A. (2000). Climate Assessment for 1999. *Bulletin of the American Meteorological Society*, 81:1328–1378.

Berz, G. and Conrad, K. (1993). Winds of Change. *The Review*, June:32–35.

Browning, K. A. (2004). The sting at the end of the tail: Damaging winds associated with extratropical cyclones. *Quarterly Journal of the Royal Meteorological Society*, 130(597):375–399.

Center for International Earth Science Information Network (CIESIN), Columbia University and Centro Internacional de Agricultura Tropical (CIAT) (2005). Gridded Population of the World Version 3 (GPWv3): Population Density Grids. Socioeconomic Data and Applications Center (SEDAC), Columbia University. Verfügbar unter `http://sedac.ciesin.columbia.edu/gpw` - Download: 26.06.2008.

Clark, P. A., Browning, K. A., and Wang, C. (2005). The sting at the end of the tail: Model diagnostics of fine-scale three-dimensional structure of the cloud head. *Quarterly Journal of the Royal Meteorological Society*, 131:2263–2292.

Dorland, C., Tol, R., and Palutikof, J. (1999). Vulnerability to the Netherlands and Northwest Europe to storm damage under climate change. *Climatic Change*, 43:513–535.

Dreveton, C., Benech, B., and Jourdain, S. (1998). Classification of Windstorms over France. *International Journal of Climatology*, 18(12):1325–1343.

Emanuel, K. (2005). Increasing destructiveness of tropical cyclones over the past 30 years. *Nature*, 436:686–688.

Heneka, P., Hofherr, T., Ruck, B., and Kottmeier, C. (2006). Winter storm risk of residential structures - model development and application to the German state of Baden-Württemberg. *Natural Hazards and Earth System Sciences*, 6:721–733.

Huang, Z., Rosowsky, D., and Sparks, P. (2001). Hurricane simulation techniques for the evaluation of wind-speeds and expected insurance losses. *Journal of Wind Engineering and Industrial Aerodynamics*, 89:605–617.

Internationaler Währungsfonds (IWF) (2008). World Economic Outlook (April 2008). WEO-Datenset verfügbar via IMF-Data-Mapper v2.0: `www.imf.org/external/datamapper`. Download: 17.08.2008.

Klawa, M. and Ulbrich, U. (2003). A model for the estimation of storm losses and the identification of severe winter storms in Germany. *Natural Hazards and Earth System Sciences*, 3:725–732.

Lamb, H. (1991). *Historic Storms of the North Sea, British Isles and North-western Europe.* Cambridge University Press.

Leckebusch, G. C., Renggli, D., and Ulbrich, U. (2008). Development and Application of an Objective Storm Severity Measure for the Northeast Atlantic Region. Meteorologische Zeitschrift: in press.

Münchener Rück (1993). Winterstürme in Europa: Schadenanalyse 1990 - Schadenpotenziale. Veröffentlichung der Münchener Rück, www.munichre.com, Bestell-Nr.: 302-02908.

Münchener Rück (2001). Winterstürme in Europa: Schadenanalyse 1999 - Schadenpotenziale. Veröffentlichung der Münchener Rück, www.munichre.com, Bestell-Nr.: 302-03108.

Münchener Rück (2003). NatCatSERVICE - Wegweiser durch die Münchener-Rück-Datenbank der Naturkatastrophen. Veröffentlichung der Münchener Rück, www.munichre.com, Bestell-Nr.: 302-03900.

Münchener Rück (2007). Zwischen Hoch und Tief - Wetterrisiken in Mitteleuropa. Veröffentlichung der Münchener Rück, www.munichre.com, Bestell.-Nr. 302-05481.

Münchener Rück (2008). Schadenspiegel 1/2008: Themenheft Risikofaktor Luft. Veröffentlichung der Münchener Rück, www.munichre.com, Bestell-Nr. 302-05654.

Palmieri, S., Teodonio, L., Siani, A. M., and Casale, G. R. (2006). Tropical storm impact in Central America. *Meteorological Applications*, 13:21–28.

Palutikof, J. and Skellern, A. (1991). Storm Severity over Britain. Report to Commercial Union General Insurance, Climatic Research Unit, School of Environmental Studies, University of East Anglia, Norwich (UK).

Pearson, K. (1896). Contributions to the Mathematical Theory of Evolution. III. Regression, Heredity, and Panmixia. *Philosophical Transactions of the Royal Society of London. Series A*, 187:253–318.

Powell, M. D. and Reinhold, T. A. (2007). Tropical cyclone destructive potential by integrated kinetic energy. *Bulletin of the American Meteorological Society*, 88 (4):513–526.

Rootzén, H. and Tajvidi, N. (1997). Extreme value statistics and wind storm losses: a case study. *Scandinavian Actuarial Journal*, 1997(1):70–94.

Rootzén, H. and Tajvidi, N. (2001). Can Losses Caused by Wind Storms be Predicted from Meteorological Observations? *Scandinavian Actuarial Journal*, 2001(2):162–175.

Rudeva, I. and Gulev, S. K. (2007). Climatology of Cyclone Size Characteristics and Their Changes during the Cyclone Life Cycle. *Monthly Weather Review*, 135:2568–2587.

Shannon, C. E. (1948). A Mathematical Theory of Communication. *Bell System Technical Journal*, 27:379–423,623–656.

Sparks, P., Schiff, S., and Reinhold, T. (1994). Wind damage to envelopes of houses and consequent insurance losses. *Journal of Wind Engineering and Industrial Aerodynamics*, 53:145–155.

Spearman, C. (1904). The proof and measurement of association between two things. *American Journal of Psychology*, 15:72–101.

Sturges, H. (1926). The Choice of a Class Interval. *Journal of the American Statistical Association*, 21:65–66.

Swiss Re (1993). Storms over Europe, Losses and Scenarios. Veröffentlichung der Swiss Re.

Swiss Re (2000). Sturm über Europa - Ein unterschätztes Risiko. Veröffentlichung der Swiss Re, www.swissre.com, Bestell-Nr. 201-00239-de.

Uppala, S., Kållberg, P., Simmons, A., Andrae, U., da Costa Bechtold, V., Fiorino, M., Gibson, J., Haseler, J., Hernandez, A., Kelly, G., Li, X., Onogi, K., Saarinen, S., Sokka, N., Allan, R., Andersson, E., Arpe, K., Balmaseda, M., Beljaars, A., van de Berg, L., Bidlot, J., Bormann, N., Caires, S., Chevallier, F., Dethof, A., Dragosavac, M., Fisher, M., Fuentes, M., Hagemann, S., Holm, E., Hoskins, B., Isaksen, L., Janssen, P., Jenne, R., McNally, A., Mahfouf, J.-F., Morcrette, J.-J., Rayner, N., Saunders, R., Simon, P., Sterl, A., Trenberth, K., Untch, A., Vasiljevic, D., Viterbo, P., , and Woollen, J. (2005). The ERA-40 re-analysis. *Quarterly Journal of the Royal Meteorological Society*, 131:2961–3012.

Walz, B. (2001). Simulation von Sturmschäden anhand historischer Windfelder im nordwestlichen und zentralen Europa - Ableitung eines Risiko-Indexes. Diplom-Arbeit am Geographischen Institut der Universität München.

Washington, W. M. and Parkinson, C. L. (2005). *An Introduction to Three-Dimensional Climate Modeling*. University Science Books, 2 edition.

Anhang

A Informationsindex

Der Informationsindex berechnet sich für die Größe Y, die durch die Größe X bestimmt sein soll, aus der *statistischen Entropie* ($H(Y)$) und der *mittleren bedingten Entropie* ($H(Y|X)$), jeweils mit den Auftrittswahrscheinlichkeiten (p) der n bzw. m Elementarereignisse oder Ereignisklassen:

$$q(Y|X) = 1 - \frac{H(Y|X)}{H(Y)} = 1 - \frac{-\sum_{i=1}^{n} \sum_{j=1}^{m} p(x_i) * p(y_j|x_i) * \log_2 p(y_j|x_i)}{-\sum_{j=1}^{m} p(y_j) * \log_2 p(y_j)}$$

B Übersicht Winterstürme und Eigenschaften

In der folgenden Tabelle findet sich eine Übersicht der 60 Wintersturmereignisse aus der Schadensliste des *NatCat-SERVICE*, denen eindeutig eine nach dem in Abschnitt 2.2.1 und 2.2.2 beschriebenen Verfahren identifizierte Sturm-Zugbahn zugeordnet werden konnte.

Dabei werden für jedes Ereignis Datum (erster Tag) und Name gemäß *NatCat*-Liste sowie die nach dem Tracking berechneten Größen aufgeführt, jeweils für das gesamte Ereignis (z.B. V_{mean}) und nur für Land-Gitterboxen (z.B. $V_{mean,l}$). Diese Größen sind: mittlere Windgeschwindigkeit ($Vmean/\frac{m}{s}$), maximale Windgeschwindigkeit ($V_{max}/\frac{m}{s}$), Intensität ($I*10^{-3}$), Lebensdauer (D, Anzahl Zeitschritte), Fläche und Footprint(A und F, jeweils als Anzahl der Gitterboxen normiert auf Breite des Äquators), Persistenz (P), *Storm Severity Index* (SSI), *Storm Impact Index* (SII) und Schadensindex (I_{Loss}).

Tabelle 4: Übersicht der 60 identifizierten Wintersturmereignisse aus der *NatCat*-Schadensliste der *Münchener Rück* und ereignisspezifischer Größen

Datum	Name	V_{mean}	$V_{mean,l}$	V_{max}	$V_{max,l}$	I	I_l	D	D_l	A	A_l	F	F_l	P	P_l	SSI	SII	I_{Loss}
1972-11-12	WinterGale	12,8	11,1	23,3	16,9	28,7	28,6	9	8	33,3	28,6	147,9	101,5	2,0	2,3	8,6	1501,6	10,92
1974-01-16	Windstorm	15,4	11,1	23,2	18,1	9,0	6,6	8	7	38,5	20,5	168,0	76,6	1,8	1,9	2,8	376,0	0
1976-01-02	Capella	12,6	9,9	25,4	20,2	34,5	30,0	12	12	51,5	36,5	252,5	160,8	2,4	2,7	21,4	2332,5	32,68
1976-10-14	Windstorm	12,1	9,1	17,3	14,2	0,8	0,5	6	6	12,6	5,9	36,9	22,6	2,1	1,6	0,1	0,4	0
1976-11-30	Windstorm	14,1	10,0	22,3	15,5	13,8	11,0	6	6	37,9	18,4	114,8	56,4	2,0	2,0	3,1	251,2	0
1979-12-15	Windstorm	16,8	11,5	24,1	15,6	4,7	0,6	5	5	15,2	3,0	37,2	10,3	2,0	1,5	0,4	2,0	0
1980-10-07	Winterstorm	9,7	8,9	15,7	13,6	5,6	5,3	5	5	28,7	23,2	82,4	66,7	1,7	1,7	0,8	9,5	1,38
1982-12-15	Winterstorm	12,2	10,3	22,3	16,8	9,3	8,2	6	6	126,9	87,6	330,1	232,3	2,3	2,3	7,1	535,7	2,56
1983-01-03	Winterstorm	12,4	10,6	20,9	17,4	5,7	4,7	5	5	21,0	15,5	84,3	61,3	1,2	1,3	0,6	150,6	0,01
1983-01-18	Winterstorm	13,4	10,6	24,4	18,3	10,3	7,0	9	9	54,4	32,9	199,1	113,7	2,5	2,6	5,1	356,2	0,2
1983-02-01	Winterstorm	14,4	11,2	27,7	19,1	9,4	6,1	10	9	47,9	29,1	191,5	98,4	2,5	2,7	4,5	574,0	2,23
1983-10-16	Winterstorm	18,4	12,4	24,6	17,6	1,8	0,3	7	6	58,5	9,0	203,8	33,6	2,0	1,6	0,7	31,6	0,18
1983-11-26	Winterstorm	14,5	10,4	21,2	16,7	10,0	9,2	6	6	57,3	25,3	145,8	68,1	2,4	2,2	3,4	588,1	2,06
1983-12-02	Winterstorm	9,4	7,5	16,5	12,9	13,5	11,2	9	9	33,7	19,3	99,1	49,0	3,1	3,5	4,1	306,4	0,34
1984-01-03	Winterstorm	17,5	11,8	27,0	17,5	4,1	1,6	7	7	97,6	25,9	319,3	94,4	2,1	1,9	2,8	265,9	0,46
1984-02-07	Winterstorm	18,2	11,5	24,9	16,9	5,2	4,5	10	6	62,4	24,7	272,5	60,7	2,3	2,4	3,2	442,3	0,96
1984-10-04	SevereStorm	13,8	9,0	20,9	14,4	16,2	13,3	6	5	51,1	22,7	140,1	51,9	2,2	2,2	5,0	263,8	2,79
1985-11-06	Windstorm	17,0	11,8	24,5	16,5	5,2	0,4	5	5	32,5	6,3	77,9	22,8	2,1	1,4	0,9	5,1	0,02
1985-11-15	Windstorm	19,7	11,1	27,0	20,4	14,0	7,9	5	3	28,2	6,0	94,1	9,8	1,5	1,8	2,0	4,3	0,12
1986-01-15	Winterstorm	19,4	12,2	29,2	18,8	10,1	4,0	13	10	47,7	14,4	227,8	53,1	2,7	2,7	6,2	364,9	0,2
1986-03-24	Winterstorm	17,6	10,8	26,0	17,4	11,6	5,7	4	4	105,0	29,1	209,2	65,8	2,0	1,8	4,9	302,7	2,31
1987-03-27	Winterstorm	16,1	12,2	23,7	19,0	6,8	4,6	9	7	42,3	20,6	161,5	55,7	2,4	2,6	2,6	527,9	0,14
1988-02-09	Winterstorm	19,4	13,3	29,3	23,7	11,7	3,5	13	8	60,1	16,9	285,0	44,6	2,7	3,0	9,2	313,7	0,13
1988-11-29	Windstorm	10,9	9,9	18,7	15,8	16,1	15,5	7	7	54,1	41,9	184,6	140,4	2,1	2,1	6,1	623,8	0
1988-12-22	ChristmasHurricane	18,5	9,9	27,0	17,2	7,6	1,4	6	6	35,5	4,8	126,7	22,3	1,7	1,3	1,6	17,1	0,53
1988-12-30	Winterstorm	11,6	9,6	21,8	15,4	6,9	5,9	5	5	27,6	19,3	91,5	64,5	1,5	1,5	0,9	36,3	0,32
1989-02-25	Storms	14,2	8,7	26,2	15,6	23,7	15,2	7	7	203,7	85,5	485,7	244,4	2,9	2,4	33,8	1483,2	0,39
1990-01-25	Daria	16,9	11,9	27,2	21,7	18,4	10,6	10	8	60,9	26,1	250,1	88,4	2,4	2,4	11,2	1669,3	69,25
1990-02-03	Herta	12,6	10,4	23,4	17,7	17,7	15,3	8	7	18,0	14,0	111,0	72,7	1,3	1,4	2,5	397,1	22,83
1990-02-11	Nana	17,5	10,3	27,5	18,2	11,3	3,1	7	6	79,5	23,0	229,0	71,4	2,4	1,9	6,3	198,8	2,16

Datum	Name	V_{mean}	$V_{mean,l}$	V_{max}	$V_{max,l}$	I	I_l	D	D_l	A	A_l	F	F_l	P	P_l	SSI	SII	I_{Loss}
1990-02-13	Ottilie&Polly	13,5	10,3	21,2	16,4	8,3	7,9	9	8	36,5	22,6	122,0	65,2	2,7	2,8	2,7	416,0	1,66
1990-02-25	Vivian	15,5	11,1	27,0	23,4	15,4	12,0	11	11	132,1	63,6	358,9	168,2	4,0	4,2	22,4	3565,7	40,85
1990-02-28	Wiebke	12,6	10,8	22,0	18,3	28,4	26,2	4	4	44,1	32,3	108,5	72,8	1,6	1,8	5,0	1077,3	21,15
1990-12-11	Winterstorm	19,7	11,3	26,0	14,8	7,0	0,1	9	4	29,0	2,5	118,7	7,6	2,2	1,3	1,8	3,9	0,3
1991-01-05	Undine	17,9	12,4	31,1	23,7	11,7	4,0	12	9	52,9	19,9	283,4	74,8	2,2	2,4	7,4	336,4	7,89
1992-11-11	Coranna	12,6	10,8	22,1	17,0	9,4	8,7	8	7	19,7	15,1	109,9	73,2	1,4	1,4	1,5	270,0	0,19
1992-11-25	Ismene	9,5	9,4	16,5	15,9	11,5	11,4	9	9	24,0	23,6	121,0	117,8	1,8	1,8	2,5	310,5	0,23
1993-01-13	Verena	12,1	10,4	22,4	21,4	16,7	13,5	8	7	50,5	43,0	199,3	136,5	2,0	2,2	6,8	759,1	3,69
1993-01-23	Barbara	14,1	10,5	28,4	19,8	11,4	7,3	12	9	93,8	76,1	365,5	200,2	3,1	3,4	12,9	745,7	0,33
1995-01-26	Wilma	10,4	9,4	19,3	15,6	11,6	11,2	11	11	30,3	24,9	164,9	119,3	2,0	2,3	3,9	594,3	0,67
1996-10-29	Ex-Lili	13,7	10,4	23,4	17,1	7,3	6,6	14	10	23,4	19,0	172,7	95,9	1,9	2,0	2,4	335,7	2,31
1997-02-13	Winterstorm	12,1	9,7	21,4	15,5	6,8	6,0	6	6	33,6	23,3	141,0	92,6	1,4	1,5	1,4	244,2	0,21
1997-02-19	Daniela	18,8	13,4	25,4	19,0	5,4	0,8	7	3	42,8	15,9	166,8	31,0	1,8	1,5	1,6	42,5	0,15
1997-02-24	Gisela&Heidi	10,6	9,6	21,2	17,7	8,4	8,0	9	9	41,9	35,9	147,3	110,0	2,6	2,9	3,2	602,4	1,29
1997-11-01	SevereStorms	9,8	7,9	17,1	11,8	19,7	16,1	5	5	26,2	16,6	88,8	58,3	1,5	1,4	2,6	208,7	0,12
1997-12-23	Yuma	16,7	13,7	21,7	18,6	5,3	2,3	5	4	17,8	7,2	65,6	21,1	1,4	1,4	0,5	49,8	2,44
1998-10-24	Winnie	13,4	10,9	20,6	15,4	5,5	4,8	7	7	30,9	18,5	123,2	68,8	1,8	1,9	1,2	192,9	3,09
1998-10-27	Xylia	10,7	10,1	18,1	15,6	12,8	12,7	6	6	74,5	66,2	202,9	169,4	2,2	2,3	5,7	1072,6	1,81
1998-12-26	Silke	17,4	12,1	25,8	23,7	10,7	6,1	9	6	41,5	17,8	259,5	71,9	1,4	1,5	4,0	177,5	1,33
1999-02-04	Lara	12,8	9,6	26,0	17,5	4,8	3,3	9	9	93,4	60,8	279,9	172,5	3,0	3,2	4,1	302,9	1,19
1999-12-03	Anatol	12,6	10,8	25,0	21,1	22,7	14,5	7	7	53,4	40,0	200,7	150,8	1,9	1,9	8,5	656,0	24,85
1999-12-25	Kurt	14,6	10,7	24,0	17,0	7,0	4,3	5	5	71,6	34,0	189,5	96,4	1,9	1,8	2,5	302,9	1,44
1999-12-26	Lothar	13,0	9,7	24,5	17,6	23,9	20,0	5	5	32,2	18,1	89,0	46,4	1,8	1,9	3,8	219,3	109,49
1999-12-27	Martin	12,1	8,5	25,2	19,9	47,6	29,8	8	8	53,7	22,6	204,8	89,9	2,1	2,0	20,4	1176,8	41,75
2000-01-29	Kerstin	15,4	10,6	26,1	18,5	7,2	2,9	5	5	134,4	62,5	325,8	156,1	2,1	2,0	4,8	349,5	0,9
2000-10-28	SevereStorm	14,0	10,7	23,6	17,8	8,7	5,8	6	6	38,0	21,2	121,4	59,7	1,9	2,0	2,0	304,9	2,55
2001-11-16	SevereStorm	12,3	9,7	24,5	17,6	24,2	19,9	7	7	60,0	38,2	198,3	129,3	2,1	2,1	10,1	113,7	0,05
2002-01-28	Jennifer	14,6	10,8	27,1	20,2	8,3	4,1	11	9	53,7	36,6	252,1	131,7	2,3	2,5	4,9	268,1	1,07
2002-02-01	Winterstorm	19,8	14,4	28,3	17,9	5,8	0,7	5	2	117,4	8,9	321,6	15,2	1,8	1,2	3,4	69,2	0,39
2002-02-26	Anna	14,0	11,9	20,4	18,9	7,4	5,9	4	4	31,7	19,3	87,3	47,7	1,5	1,6	0,9	230,9	2,14